U0338610

普通高等教育电气电子类工程应用型系列教材

电能计量技术

主　编　王鲁杨
副主编　陈丽娟
参　编　王禾兴　张美霞
主　审　蒋心泽

机械工业出版社

电能计量是电力企业生产经营管理及电网安全运行的重要环节，其技术水平和管理水平不仅关系到电力企业的形象和发展，而且关系到电能贸易的准确、可靠，以及广大电力客户和居民的切身利益。本书的编写主要依据 DL/T 448—2000《电能计量装置技术管理规程》、DL/T 825—2002《电能计量装置安装接线规则》、《供电营业规则》等行业标准规程，并结合当前电能计量的新技术，突出实用性、针对性、先进性和知识严谨性。

本书共分 9 章，主要包括电能计量基础知识、电能表、电能计量用互感器、电能计量方式、电能计量装置的接线检查及退补电量计算、电能计量装置的误差、电能计量装置的现场检验与检定、电能计量中的反窃电技术和电能计量自动化技术，每章后均附有相应的习题。

本书可作为高等院校电气工程及其自动化以及相关专业的本科教材、高等职业院校供用电技术专业的教材，也可作为供电企业从事电能计量、用电检查、用电营业、报装接电、电能表修校等人员的培训教材。

图书在版编目（CIP）数据

电能计量技术/王鲁杨主编 . —北京：机械工业出版社，
2013. 10（2021. 8 重印）

普通高等教育电气电子类工程应用型系列教材
ISBN 978 - 7 - 111 - 44016 - 1

Ⅰ.①电…　Ⅱ.①王…　Ⅲ.①电能计量 - 高等学校 - 教材
Ⅳ.①TM933. 4

中国版本图书馆 CIP 数据核字（2013）第 215661 号

机械工业出版社（北京市百万庄大街 22 号　邮政编码 100037）
策划编辑：王雅新　责任编辑：王雅新　张利萍
版式设计：常天培　责任校对：陈秀丽
封面设计：张　静　责任印制：李　昂
北京捷迅佳彩印刷有限公司印刷
2021 年 8 月第 1 版·第 6 次印刷
184mm×260mm·10. 25 印张·248 千字
标准书号：ISBN 978 - 7 - 111 - 44016 - 1
定价：23. 00 元

电话服务　　　　　　　　　网络服务
客服电话：010-88361066　　机 工 官 网：www. cmpbook. com
　　　　　010-88379833　　机 工 官 博：weibo. com/cmp1952
　　　　　010-68326294　　金 书 网：www. golden-book. com
封底无防伪标均为盗版　机工教育服务网：www. cmpedu. com

前　言

在电力系统中，电能计量是电力生产、销售以及电网安全运行的重要环节，发电、输电、配电和用电均需要对电能准确测量，电力系统的各个环节都安装了大量的电能计量装置。电能计量工作具有十分重要的意义。电能计量是现代电力营销系统中的一个重要环节，是电力营销工作的重要支柱之一。

自 2009 年开始，国家电网公司进行了大量的智能电表和电力用户用电信息采集系统的研究和推广，旨在建设高级计量架构，推动电能计量自动化技术的发展。电能计量自动化技术是智能电网发展的关键技术之一。

本书的两个主要特点，一是密切结合电能计量工作的实际；二是反映电能计量技术的发展前沿。

本书的各部分都依据电力行业有关电能计量的标准及规范，诸如 DL/T 448—2000《电能计量装置技术管理规程》、DL/T 825—2002《电能计量装置安装接线规则》、《供电营业规则》等。第 1 章介绍了各类电能计量装置的配置原则、电力营销电能计量子系统等，使读者对电能计量的技术要求、电能计量工作的特点及重要性等有一个总体的了解。

本书的第 2 章重点介绍了智能电能表。智能电能表是具有电能计量、信息存储和处理、网络通信、实时监测、自动控制以及信息交互等功能的电能表，是智能电网高级计量体系中的重要设备。我国智能电网进入全面建设阶段，对智能电能表产生了巨大市场需求。预计到 2015 年全国累计需安装 5.11 亿只智能电能表，其中更换需求为 0.59 亿只。感应式电能表是电能表发展历史上的一个重要里程，本书对其做了简介，以期读者对电能表的工作原理有一个全面的理解。

本书的第 3~8 章，是电能计量技术的基本内容，包括电能计量用互感器、电能计量方式、电能计量装置的接线检查及退补电量计算、电能计量装置的误差、电能计量装置的现场检验及检定、电能计量中的反窃电技术等。

本书的第 9 章介绍了电能计量自动化技术与智能电网的关系、电能计量自动化技术的发展历程、高级计量架构以及现阶段电能计量自动化技术——电力用户用电信息采集系统。

本书由上海电力学院的王鲁杨担任主编，其中第 1 章、第 2 章、第 5~7 章及第 9 章由王鲁杨编写；第 3 章、第 4 章、第 8 章由南京工程学院的陈丽娟编写；上海电力学院的王禾兴、张美霞分别编写了第 1 章、第 9 章的部分内容；安徽芜湖县供电公司的张晓光收集了大量的文献资料；王鲁杨负责全书的统稿工作。

上海电力公司蒋心泽先生任本书的主审。蒋心泽先生在审阅中提出了许多中肯的修改意见，在此谨致衷心的感谢。

在本书的编写过程中得到了上海电力学院、南京工程学院有关部门和领导的支持，在此表示感谢。

在本书完稿之际，对书末所列各参考文献的作者也致以衷心的感谢。

由于编者学识有限，编写时间又很仓促，书中一定有很多疏漏和错误，恳请读者批评指正。

编　者

目　录

第1章　电能计量基础知识

电能计量，是由电能计量装置来确定电能量值，为实现电能量单位的统一及其量值准确、可靠而进行的一系列活动。

在电力系统中，电能计量是电力生产、销售以及电网安全运行的重要环节，发电、输电、配电和用电均需要对电能准确测量，电力系统的各个环节都安装了大量的电能计量装置。电能计量工作具有十分重要的意义。

1.1　电能计量装置的组成及作用

1. 电能计量装置的组成

我国 1996 年颁布实施的《供电营业规则》第七十二条中规定，电能计量装置由计费电能表、电压与电流互感器、二次连接线导线三部分组成，其组成框图如图 1-1 所示。

电能表是专门用来测量电能累计值的一种表计，是电能计量装置的核心部分。然而，在高电压、大电流系统中，一般的测量表计不能直接接入被测电路进行测量，需要使用电压互感器和电流互感器，将高电压、大电流变换成低电压、小电流后再接入电能表进行测量。

图 1-1　电能计量装置组成框图

使用互感器一方面降低了仪表绝缘强度、保证了人身安全，另一方面扩大了电能表的量程、减小了仪表的制造规格。电能计量装置二次回路是通过导线将电能表和互感器连接的，易于工作人员监测。

2. 电能计量装置的作用

（1）电能计量装置是发、供、用三方对电能这一特殊商品进行买卖、贸易结算过程中的度量衡器具；属国家强制检定的计量器具，是体现电力企业经营成果的重要基础设备。

电力生产的特点是发电厂发电、供电部门供电、用户用电这三个环节连成一个系统，不间断地同时完成。电能要经过发电、输电、配电、变电等多个环节才能输送到最终客户处，发电厂与电网公司之间、电网与电网之间、电网公司内部各供电公司之间、供电公司内部各区所之间、直至供电所与最终用户之间，都要进行经济结算，而经济结算的依据就是由在电网的各个节点安装的电能计量装置提供的电能信息。发、供、用三方如何销售与购买电能、如何进行经济计算，涉及许多技术、经济问题。电能计量技术在我国经济建设中起着重要作用，其公平、公正、准确、可靠性直接关系到发电、供电与用电三方的经济利益，具有广泛的社会性。

电力行业属于资金密集型、技术密集型产业，需要较大的一次性投入。在经济发达国家和地区，对电力行业的资金投入都是非常巨大的。电力企业的经营成果，是通过电费的及时足额回收来体现的。电费及时足额回收的重要基础，是电能计量装置的准确计量。电能计量工作的重点是变电所关口表的现场校验、大用户计量表的定期检验、中小动力用户和照明用户计量表计的周期轮换以及新用户装表、事故换表等工作。这项工作关系到供电企业能否准确计量用户电量以及电费的及时足额回收。

（2）电能计量装置是发、供、用三方各自内部进行经济核算的依据。

发电、供电、用电三方的内部装设了大量的电能计量装置。发电企业内部的电能计量装置用于测量发电厂的发电量、厂用电量等；供电公司企业内部的电能计量装置，用于测量每条线路的实际线损；工业用电户内部的电能计量装置用于测量各生产部门消耗的电量。

（3）电能计量装置是供电企业进行线损四分（分压线损、分区线损、分线线损、分台区线损）分析、错峰管理、用电需求侧管理、客户节能评估的重要基础设备。

线损是电网电能损耗的简称，线损率是线损电量占供电量的百分数，表示为

$$
线损率 = \frac{供入电量 - 供出电量}{供入电量} \times 100\% \tag{1-1}
$$

线损率是反映电网规划设计、技术装备和经济运行水平的综合性技术经济指标。用电需求侧管理是供电企业采用行政、技术、经济等手段，与用户共同协力提高终端用电效率、改变用电方式，为减少电量消耗和电力需求，节约一次电能，提高经济效益和环境效益所进行的管理活动。错峰管理是用电需求侧管理的一种技术手段，节能是用电需求侧管理的最终目的。

1.2   电能计量装置的分类及技术要求

1.2.1   电能计量装置的分类

装设在不同场合的电能计量装置，其技术要求是不同的。《电能计量装置技术管理规程》（DL/T 448—2000）的第 5.1 节，将运行中的电能计量装置按其所计量电能量的多少和计量对象的重要程度分为五类（Ⅰ、Ⅱ、Ⅲ、Ⅳ、Ⅴ）。

Ⅰ类电能计量装置。月平均用电量 500 万 kW·h 及以上或变压器容量为 10000kVA 及以上的高压计费用户、200MW 及以上发电机、发电企业上网电量、电网经营企业之间的电量交换点、省级电网经营企业与其供电企业的供电关口计量点的电能计量装置，属于 Ⅰ 类电能计量装置。

Ⅱ类电能计量装置。月平均用电量 100 万 kW·h 及以上或变压器容量为 2000kVA 及以上的高压计费用户、100MW 及以上发电机、供电企业之间的电量交换点的电能计量装置，属于 Ⅱ 类电能计量装置。

Ⅲ类电能计量装置。月平均用电量 10 万 kW·h 及以上或变压器容量为 315kVA 及以上的计费用户、100MW 以下发电机、发电企业厂（站）用电量、供电企业内部用于承包考核的计量点、考核有功电量平衡的 110kV 及以上的送电线路电能计量装置，属于 Ⅲ 类电能计量装置。

Ⅳ类电能计量装置。负荷容量为 315kVA 以下的计费用户、发供电企业内部经济技术指标分析、考核用的电能计量装置，属于 Ⅳ 类电能计量装置。

Ⅴ类电能计量装置。单相供电的电力用户计费用电能计量装置，属于 Ⅴ 类电能计量装置。

1.2.2　不同类型电能计量装置的技术要求

1. 准确度等级

《电能计量装置技术管理规程》（DL/T 448—2000）的第 5.3 节，规定各类电能计量装置所配置的电能表、互感器的准确度等级不应低于表 1-1 所示值。并且规定 I、II 类用于贸易结算的电能计量装置中电压互感器二次回路电压降应不大于其额定二次电压的 0.2%；其他电能计量装置中电压互感器二次回路电压降应不大于其额定二次电压的 0.5%。

表 1-1　不同类型电能计量装置电能表、互感器的准确度等级

电能计量装置类别	准确度等级			
	有功电能表	无功电能表	电压互感器	电流互感器
I	0.2S 或 0.5S	2.0	0.2	0.2S 或 0.2*
II	0.5S 或 0.5	2.0	0.2	0.2S 或 0.2*
III	1.0	2.0	0.5	0.5S
IV	2.0	3.0	0.5	0.5S
V	2.0	—	—	0.5S

注：*代表 0.2 级电流互感器仅在发电机出口电能计量装置中配用。

2. 配置原则

《电能计量装置技术管理规程》（DL/T 448—2000）的第 5.4 节，规定了电能计量装置的配置原则。

（1）贸易结算用的电能计量装置原则上应设置在供用电设施产权分界处；在发电企业上网线路、电网经营企业间的联络线路和专线供电线路的另一端应设置考核用电能计量装置。

（2）I、II、III 类贸易结算用电能计量装置应按计量点配置计量专用电压、电流互感器或者专用二次绕组。电能计量专用电压、电流互感器或专用二次绕组及其二次回路不得接入与电能计量无关的设备。

（3）计量单机容量在 100MW 及以上发电机组上网贸易结算电量的电能计量装置和电网经营企业之间购销电量的电能计量装置，宜配置准确度等级相同的主副两套有功电能表。

（4）35kV 以上贸易结算用电能计量装置中的电压互感器二次回路，应不装设隔离开关辅助触点，但可装设熔断器；35kV 及以下贸易结算用电能计量装置中的电压互感器二次回路，应不装设隔离开关辅助触点和熔断器。

（5）安装在用户处的贸易结算用电能计量装置，10kV 及以下电压供电的用户，应配置全国统一标准的电能计量柜或电能计量箱；35kV 电压供电的用户，宜配置全国统一标准的电能计量柜或电能计量箱。

（6）贸易结算用高压电能计量装置应装设失电压计时器。未配置计量柜（箱）的，其互感器二次回路的所有接线端子、试验端子应能实施铅封。

（7）互感器二次回路的连接导线应采用铜质单芯绝缘线。对电流二次回路，连接导线截面积应按电流互感器的额定二次负荷计算确定，至少应不小于 4mm^2。对电压二次回路，连接导线截面积应按允许的电压降计算确定，至少应不小于 2.5mm^2。

（8）互感器实际二次负荷应在 25%～100% 额定二次负荷范围内；电流互感器额定二次负荷的功率因数应为 0.8～1.0；电压互感器额定二次功率因数应与实际二次负荷的功率因数接近。

（9）电流互感器额定一次电流的确定，应保证其在正常运行中的实际负荷电流达到额定值的 60% 左右，至少应不小于 30%。否则应选用高动热稳定电流互感器以减小电流比。

（10）为提高低负荷计量的准确性，应选用过载 4 倍及以上的电能表。

（11）经电流互感器接入的电能表，其标定电流宜不超过电流互感器额定二次电流的30%，其额定最大电流应为电流互感器额定二次电流的 120% 左右。直接接入式电能表的标定电流应按正常运行负荷电流的 30% 左右进行选择。

（12）执行功率因数调整电费的用户，应安装能计量有功电量、感性和容性无功电量的电能计量装置；按最大需量计收基本电费的用户应装设具有最大需量计量功能的电能表；实行分时电价的用户应装设复费率电能表或多功能电能表。

（13）带有数据通信接口的电能表，其通信规约应符合 DL/T 645—2007 的要求。

（14）具有正、反向送电的计量点应装设计量正向和反向有功电量以及四象限无功电量的电能表。

1.3　电力营销电能计量子系统

电力营销是指在不断变化的电力市场中，以电力客户需求为中心，通过供用关系，使电力用户能够使用安全、可靠、合格、经济的电力商品，并得到周到、满意的服务。电力营销的目标包括：对电力需求的变化做出快速反应，实时满足客户的电力需求；在帮助客户节能高效用电的同时，追求电力营销效率的最大化，实现供电企业的最佳经济效益；提供优质的用电服务，与电力客户建立良好的业务关系，打造供电企业市场形象、提高终端能源市场占有率等方面。电能计量是现代电力营销系统中的一个重要环节，是电力营销工作的重要支柱之一。

1.3.1　电能计量子系统的特点

电能计量管理指电力企业对电能计量装置进行全过程计算机管理。电能计量管理的职能就是保证电能计量装置准确、可靠、客观、正确地计量电能的传输与消耗。电能计量子系统是电力营销管理信息系统的重要组成部分，管理各类计量资产和计量标准设备的库存、运行情况，记录各类计量资产的基础信息和计量人员、技术资料的信息，并通过各类标准登记书、资产流转单据跟踪资产的动态信息。它具有如下特点：

1. 电能表数量多，基本信息输入量大

电能计量管理的主要对象是电能表，而电能表又是一种量最大、面最广、涉及千家万户的表计。目前我国在装的各种电能表以亿万只计，这些电能表的校验、修理等工作，都由电能计量管理部门负责。根据规定，客户安装的电能表要在供电企业建立档案以便于管理，并且要做到一表一卡。

由于电能表卡片上记录有电能表的各种信息，因此对电能表卡片的管理实际上就是对电能表的管理，也就是对客户计量点的管理。由于电能表数量非常大，所以电能表卡片也非常多，在建立电能计量子系统时遇到的主要问题就是基本信息输入量非常大。

2. 具有生产和管理的两重性

电能计量管理不但具有管理的功能，还具有生产的职能，而且生产是第一位，管理是保证生产顺利进行的手段。供电企业销售的电能是靠安装在客户的大批电能计量装置来计量的。新增客户需要安装电能计量装置，老的客户需要定期校验，对电能计量部门来说，这些都属于生产性的工作。而安装在客户处的大批电能计量装置又需要在供电企业建立档案进行管理，何时校验、何时进行处理，这些都属于管理性工作。因此，电能计量管理既具有管理的功能，又具有生产的职能。

3. 时间性强，变化性大

安装在客户处的电能表能否得到定期校验和更换，直接关系到计量的正确与否，关系到供电企业的经济效益。尤其是大工业客户，每天用电量很大，电能表的一点误差就会造成很大的电量差错。因此，校验和定期轮换工作必须及时进行。

1.3.2　电能计量子系统的目标

为满足现行电能计量管理要求，系统应完成所有电能计量装置的运行和库存管理，所有试验设备和标准设备的档案管理，所有技术资料和客户资料管理，并能够为各有关部门提供客户和系统变电站计量点及所有电能计量装置方面的信息，能够生成电能计量装置的周期检定和轮换计划。电能计量子系统主要包括计量资产库房管理、资产运行管理、标准设备及指示仪表管理、计量人员管理、设备技术档案管理和统计报表管理等。它可实现以下功能：

（1）电能计量装置（电能表、互感器）档案的建立和修改，可按任意数据或数据项组合进行查询统计。

（2）客户及系统变电站计量点档案的建立和修改。

（3）通过运行档案可对任一计量器具的整个运行情况进行分析；也可以以客户为线索，查询统计在该客户中使用过的计量装置情况。

（4）标准设备的档案建立和修改；根据标准装置考核证书、标准器检定证书和有关管理办法的规定制订标准考核申请计划和送检计划。

（5）根据运行档案，计算机能制订出电能计量装置现场检验计划、轮换计划和抽检计划，并分类统计各类电能计量器具的运行情况。

（6）按运行电能计量器具的分类和资产编号建立运行电能计量装置一览表。

（7）按表号查询运行的关口电能计量点配置图及其计量装置配置、历次变更情况记录。

（8）电能计量装置和标准设备及试验设备的分类检索、统计和报表生成。

（9）电能计量管理工作的日常事务处理。

（10）计量故障与差错查询。

（11）资产台账管理。

习　题　1

1-1　电能计量装置是由哪几部分组成的？画出其组成框图。

1-2　电能计量装置的作用是什么？

1-3　《电能计量装置技术管理规程》（DL/T 448—2000）是如何对运行中的电能计量装置进行分类的？分为哪几类？

1-4　哪些电能计量装置属于Ⅰ类电能计量装置？

1-5　《电能计量装置技术管理规程》（DL/T 448—2000）对Ⅰ类电能计量装置的有功电能表、电压互感器、电流互感器的准确度等级是如何规定的？

1-6　《电能计量装置技术管理规程》（DL/T 448—2000）对各类电能计量装置电压互感器二次回路的电压降是如何规定的？

第2章 电 能 表

电能表是专门用来测量电能累计值的一种表计，是电能计量装置的核心部分。电能的计量贯穿于电力生产、输送和销售的全过程，应用于发电、供电、用电的各个环节，电能表是使用量最大、涉及面最广的电能计量器具，其准确性、可靠性、合法性处于相当重要的位置。

2.1 电能表基础知识

1. 电能表的发展历史

电能表在世界上的出现和发展已有 100 多年的历史了。1881 年，爱迪生发明了最早的电能测量器——直流安培小时计。这是根据电解原理制成的，尽管这种电能表每只重达几十公斤，十分笨重，又无准确度保证，但是，这在当时仍然被作为科技界的一项重大发明而受到人们的重视和赞扬，并很快地在工程上得到采用。

1885 年交流电的发现和应用给电能表的发展提出了新的要求。1888 年，意大利科学院的物理学家弗拉里斯（Ferraris）提出用旋转磁场的原理来测量电能量，感应式电能表诞生了！交流感应式电能表又称为弗拉里斯表。1889 年，匈牙利岗兹公司一位德国人布勒泰制作成总重量 36.5kg 的世界上第一块感应式电能表。从此，感应式电能表在交流电能计量中占据了极其重要的地位。由于感应式电能表具有结构简单、操作安全、价廉、耐用、又便于维修和批量生产等一系列优点，所以在过去的 100 多年中，感应式电能表得到了快速发展。现在每只电能表重量有的还不到 1kg，准确度达到了 0.5 ~ 0.2 级。

随着用电量的急剧增长以及由此引发的能源供需矛盾的加剧，对电能表提出了多功能化的要求，希望它不仅能计量电能，而且也能应用于管理。至此，功能单一的感应式电能表已难以适应现代电能管理的要求。

感应式脉冲电能表作为静止式电能表发展历程中的过渡性产物，采用了感应式电能表的测量机构作为工作元件，由光电传感器完成电能-脉冲转换，然后经电子电路对脉冲进行适当处理，从而实现对电能的测量。由于此种表的显著特点是感应式测量机构配以脉冲发生装置，因此也被称为脉冲式电能表。20 世纪 70 年代初，一些发达国家大量使用了这类脉冲式电能表，这类表计为早期分时电价、需量电价的实施不仅提供了计量手段，同时也发挥了积极的推动作用。

近代微电子技术、信号处理技术和通信技术的高速发展，为科技工作者提供了解决交流电能计量的新途径。20 世纪 80 年代初，国际上出现了全部采用电子元器件组成的交流电能表。这类电能表由于没有转动元件，故 IEC 标准将其定义为静止式电能表，以区别于感应式电能表，国内也称其为电子式电能表。

20 世纪 80 年代中后期，随着电子设计与制造新技术的出现和采用，静止式电能表在各种现场环境下的工作可靠性问题被逐一破解，静止式电能表在发达国家迅速得到了发展，相继出现了一批寿命长、可靠性高、适合现场使用要求的表计，其中一些表已可在很宽的电压、电流范围内进行自动量程转换，安装式电能表的准确度等级覆盖了 2 级、1 级、0.5 级和 0.2 级。在标准表范畴，其准确度等级也迅速覆盖了 0.1 级 ~ 0.005 级的各个级别。

静止式电能表可以用一个计量单元同时实现有功电能、无功电能和视在电能的测量。另外，还可以方便地实现最大需量、预付费、复费率（分时）、通信等特殊功能。静止式电能表的这些特点，有力地推动了自动抄表技术的发展。自 20 世纪 80 年代中期开始，日本九州电力公司、美国费城电力公司、美国弗吉尼亚电力公司等相继使用电力输配电线载波、地线载波、光纤、邮电线路等通信技术，进行远程读表的试验。进入到 20 世纪 90 年代，用于大用户的商业化的电能量管理系统、负荷管理系统已在世界范围广泛采用。

新中国成立前我国没有自己的电能表制造业，使用的表计全部依靠进口。国内只有对电能表开展维修和校验业务的小作坊。1952 年，上海合成电器厂（上海电度表厂）成立，生产制造 2 级和 1 级安装式单、三相电能表，结束了我国不能制造电能表的历史。随后哈尔滨电表厂、上海第五电表厂先后成立，我国的电能表产业逐步形成规模。我国电能表产业从仿制外国电能表产品开始，经过了六十余年的努力，现在已具备了相当的水平和规模，我国自行设计和大批量生产的各种类型的电能表，不仅供给国内，还远销国外。

我国对静止式电能表的研发工作始于 20 世纪 80 年代初，略迟于发达国家，其发展同样经历了机械时钟、电子时钟、微处理器分时开关以及自主研发专用计量芯片等发展阶段。20 世纪 80 年代末，我国开始引进国外先进水平的电能表制造技术。第一家中外合作的外方是具有国际一流水平的瑞士电能表制造商兰迪司-盖尔公司，该公司具有传统的瑞士精密仪表制造技术的优势。与兰迪司-盖尔公司的合作成功迅速地缩小了我国单相及三相感应式电能表与国际顶尖电能表在工艺制造水平的差距。其后又与美国通用电气（GE）公司合作生产了我国第一批长寿命电能表。长寿命电能表显著的技术优势使其在中国的城网改造中得到广泛采用。20 世纪 90 年代初，以湖南威胜、宁夏宁光公司为代表，国内三相多费率和三相多功能电能表走的是一条自主研发的道路。在芯片研发方面，上海贝岭微电子制造有限公司在1995 年推出了第一款国产单相电能计量芯片 BL0931。

1995 年 4 月，国家计委、国家经贸委和电力部联合召开的全国计划用电工作会议对分时电价的推行作了具体安排部署。电价政策的调整，将静止式电能表的应用推向了新的发展阶段。在其后的十余年间，我国静止式电能表产业快速发展，产品覆盖了安装式电能表的各个种类和准确度等级。然而，由于我国微电子技术至今仍落后于发达国家，所以，静止式电能表中使用的微处理器、专用计量芯片等大规模集成电路器件以及其他一些关键元器件基本上被国外知名品牌厂商垄断。

2004 年，国家电网公司营销部策划、组织了电能量信息采集系统建设项目的研究与试点工作。其后，根据国家电网公司信息化建设的总体安排，此项目纳入了国家电网公司SG186 工程，从信息化建设的高度，重新定位部署。2008 年 9 月，国家电网公司营销部部署开展《计量、抄表、收费标准化建设》项目的研究工作，提出了“全覆盖、全采集、全预付费”的工作目标，并从涵盖计量、抄表、收费各项业务的营销业务标准化的高度，建设国家电网公司的用电信息采集系统。其中，包含了电能表功能规范、型式规范和技术规范，以及用电信息采集系统主站、集中抄表终端、专变终端等企业标准的编制。2008 年末，美国的次级房贷问题引发了世界金融危机，作为应对金融危机的一项举措，智能电网建设成为全球发展电力工业的焦点。国家电网公司在 2009 年初，提出了建设智能电网的构想，并于 2009 年 5 月公布了坚强智能电网建设计划。作为智能电网的组成部分，电能表及高级计量体系再次被赋予了新的使命。在电能表制造行业的关注、支持下，历时一年，智能电能表系列标准在 2009 年 9 月发布并实施。2009 年底，国家电网公司依据此套标准，完成了第一批次的集中招标工作。国家电网公司的这次标准化工作，对规范国内电能表的型式、功能意义深远。另外，在引入智能电能表概念的同时，对推动电能表高级计量体系的建设发挥了积极作用。

事实上，中国已经成为电能表生产大国，目前感应式电能表、电子式电能表和智能化电能表等主要产品都已经达到或接近发达国家技术标准，生产和研发能力也已经能够满足国际市场的不同需求，而且价格优势明显，在国际市场上具有较强的竞争力。有专家分析认为，我国智能电能表产业已经开始进入规模化发展应用阶段。

2. 电能表的分类

根据电能表的用途不同，将其分为标准式电能表和安装式电能表两大类。标准式电能表用于检定检验安装式电能表是否合格；安装式电能表安装于电力系统的各个环节对电能进行测量。

安装式电能表又分为以下不同的类别：

（1）按所测电能的种类，分为交流电能表、直流电能表。直流电能表一般用于特殊行业，不用于电力贸易结算。

（2）按相数及接线方式，分为单相电能表、三相三线电能表、三相四线电能表。

（3）按结构及工作原理，分为感应式电能表和电子式（静止式）电能表。

（4）按电压等级，分为高压电能表、低压电能表。高压电能表的额定线电压为 100V，需经电压互感器接入，低压电能表的额定相电压为 220V。

（5）按电流的测量范围，分为直通表、经电流互感器接入电能表。

（6）按测量功能，分为有功电能表、无功电能表、复费率电能表、损耗电能表、最大需量电能表、预付费电能表、多功能电能表、智能电能表等。其中智能电能表除计量有功、无功电能量外，还具有分时、测量需量等两种以上功能，并能显示、存储和输出数据。

（7）按准确度等级，分为 0.01 级、0.02 级、0.05 级、0.1 级、0.1S 级、0.2 级、0.2S 级、0.5 级、0.5S 级、1.0 级、2.0 级、3.0 级电能表，准确度等级的数字越小，准确度等级越高。标准电能表分为 0.5 级、0.2 级、0.05 级、0.02 级、0.01 级；安装式有功电能表分为 0.2 或 0.2S 级、0.5 或 0.5S 级、1.0 级、2.0 级；安装式无功电能表分为 2.0 级、3.0 级。

3. 电能表的铭牌知识

每件电工产品都有一个铭牌。铭牌是生产厂家对出厂产品性能、使用条件以及一些参数的说明。电能表铭牌是位于电能表内部或外部的易于读取的标牌，表达用于辨别和安装仪表以及解读测量结果的必要信息。图 2-1、图 2-2 分别是单相电能表、三相四线电能表的铭牌。不同生产厂家出品的电能表（即使是同一种）其铭牌形式可能会有差异，但内容基本相同，一般包含以下内容。

（1）名称、型号。电能表的名称及型号通常位于铭牌中间最显眼的地方。

型号由产品类别号、第一组别号、第二组别号、功能代号（必要时可使用两位）、注册号、连接符、通信信道代号组成，其中，RS485 的通信信道代号在型号中可以省略。安装式电能表型号代号的具体定义见表2-1。

图 2-1　单相电能表

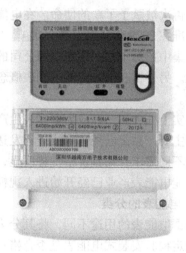

图 2-2　三相四线电能表

表 2-1　安装式电能表的型号代号

代号	类别	第一组别	第二组别	功　能	信道
A		直流 A·h 计	数字化		
C					CDMA
D	电能测量	单相		多功能	
F		直流 V·h 计		多费率（分时）	
G					GPRS
H		三相	谐波	多用户	混合
J		直流（电能表）		防窃	微功率无线
L			长寿命		有线网络
N					以太网
P					公用电话线
Q					光纤
S		三相三线	静止（电子）		3G
T		三相四线			
W					230MHz 专网
X		无功		最大需量	
Y			费控、（预付费）	预付费	音频
Z			智能		电力线载波

注：功能代号"Y"只有在第二组别的代号"Z"（智能）后时，其含义才为"费控"；在其他代号后时，其含义均为"预付费"。

型号为"DSSD331-1"的电能表是"三相三线全电子多功能电能表"，"331"为设计序号，是某公司的一款产品，横线后的"1"为辅助说明，如为"2"则表明为第二代产品。

"DTZ1088" 型为 "三相四线智能电能表"，"1088" 为设计序号，采用 RS485 通信信道。图 2-3 是两个电能表型号的示例。

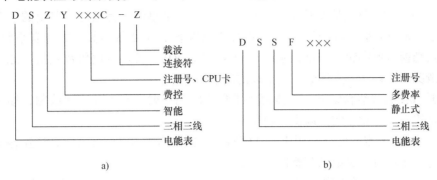

图 2-3 电能表型号示例

（2）参比频率、参比电压、参比电流和最大电流。

参比频率是指确定电能表有关特性的频率值，以 Hz（赫兹）作为单位，通常就是电网频率。

参比电压是指确定电能表有关特性的电压值，以 U_N 表示。低压单相、三相三线及三相四线电能表分别用 220V、$3 \times 380V$ 和 $3 \times 220/380V$ 表示；高压三相三线及三相四线电能表分别用 $3 \times 100V$ 和 $3 \times 55.7/100V$ 表示。

参比电流和最大电流均是表征电能表相关特性的电流值。其中，参比电流也叫基本电流或标定电流，是确定电能表有关特性的电流值，以 I_b 表示；最大电流也叫额定最大电流，是电能表能满足其制造标准规定的准确度的最大电流值，以 I_{max} 表示。在铭牌上，基本电流写在前面，最大电流写在后面括号内，例如：10(60)A、$3 \times 1.5(6)A$ 等。如果最大电流小于参比电流的 150%，则只标明参比电流。

（3）电能表常数。它是指电能表记录的电能和相应的转数或脉冲数之间关系的常数。有功电能表常数以 r/kW·h、imp/kW·h 形式表示，无功电能表常数以 r/kvar·h、imp/kvar·h 形式表示。其中 r 表示感应式电能表转盘的转数，imp 表示电子式电能表的脉冲数。

（4）准确度等级。准确度等级是指符合一定的计量要求，使误差保持在规定极限以内的测量仪器的等别、级别，以记入圆圈中的数字表示，如①、②。没有标志时，电能表的准确度等级视为 2 级。圆圈内的数字表明该表计量时所允许的相对误差，①所代表的 1 级电能表，相对误差应保持在 ±1% 以内。

（5）生产许可证标志和编号。许可证标志一般位于铭牌的右上角或右下角，符号是⑩，其中外圈的 C 是 "中国"（China）的英文缩写，M 是 "计量器具"（Measuring instruments）的英文缩写，内圈 C 是 "许可证"（Certificate of license）的英文缩写。许可证标志由技术监督部门审批后签发，并配以国家唯一的编号（标注于铭牌上）。编号用数位阿拉伯数字表示，并辅以条形码供机器识别。供电公司在计量器具的管理上以条形码编号认定电能表的身份及参数。

（6）依据的标准。标注生产电能表所依据的国家标准号，如 "GB/T 17215.321—2008"。

（7）转盘转动方向和识别转动的色标。感应式交流电能表在转盘上方或下方标注箭头以判别转盘转动的正方向，同时在转盘上用醒目颜色（色块）确定转盘起点。

（8）计量单位，计度器小数位数或示值倍数。计量单位是指电能表测量的是有功电量（kW·h）还是无功电量（kvar·h）。感应式交流电能表的计度器小数位数应有小数点标识，若无小数点则窗口各字轮均有倍乘系数，如×100、×0.1等。示值倍数是指考虑到互感器的倍率的情况下，计度器直读数字应乘以的倍数。

（9）接线图和接线盒编号。电能表接线盒盖内侧一般印有电能表接线图，接线图上的编号应与接线盒编号相一致，以供正确安装。

（10）互感器额定变比（适用于经互感器接入式的电能表）。当电能表与互感器配合计量时可在电能表留有位置记录互感器的变比。

（11）电能表的防护类型。用符号"回"表示电能表的防护类型为Ⅱ类防护绝缘封闭。电能表的生产制造必须具有国家强制标准的这种符号。

（12）制造厂或商标。电能表的生产厂家及商标也必须标注。

2.2　感应式电能表

感应式电能表是一种利用固定交流磁场与由该磁场在可动部分的导体中所感应的电流之间的作用力而工作的仪表，称为感应式仪表。本节以单相感应式电能表为例说明感应式电能表的基本结构、测量原理及误差的基本情况。

1. 单相感应式电能表的结构

单相感应式电能表的型号繁多，但其结构基本相同，都是由测量机构和辅助部件两大部分组成的。

测量机构是电能表实现电能测量的核心。图2-4所示为单相电能表的测量机构简图，它由驱动元件、转动元件、制动元件、轴承、计度器组成。

驱动元件包括电压元件和电流元件，它的作用是在交变的电压和电流产生的交变磁通穿过转盘时，该磁通与其在转盘中感应的电流相互作用，产生驱动力矩，使转盘转动。电压元件由电压铁心、电压线圈和回磁极组成。绕在电压铁心上的电压线圈与负载相并联，不论有无负载电流，电压线圈总是消耗功率的，一般其消耗功率控制在0.5～1.5W之内。回磁极为电压工作磁通提供通路。电流元件由电流铁心和电流线圈组成。绕在电流铁心上的电流线圈与负载相串联，因此通过电流线圈的电流就是负载电流。

转动元件由转盘和转轴组成。转盘直径通常为80～100mm，厚度为0.5～1.2mm，用纯铝板制成。转盘在驱动元件所产生的驱动力矩作用下连续转动。转轴用铝合金或铜合金棒材制成，转轴上端装有蜗杆

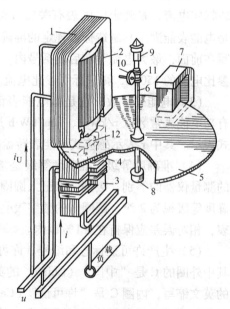

图2-4　单相电能表的测量机构简图
1—电压铁心　2—电压线圈　3—电流铁心
4—电流线圈　5—转盘　6—转轴
7—制动元件　8—下轴承　9—上轴承
10—蜗轮　11—蜗杆　12—回磁极

和上轴承，蜗杆和蜗轮啮合，将转盘的转数传递给计数器累计成千瓦·时（kW·h）数。此外，转轴上还装有用钢丝绕成的防潜装置。

制动元件由永久磁铁及其调整装置组成。永久磁铁产生的磁通被转动的转盘切割时与在转盘中所产生的感应电流相互作用形成制动力矩，使转盘的转速与被测功率成正比。调整装置可改变制动力矩的大小。

轴承分为上轴承和下轴承，下轴承位于转轴下端，支撑转动元件的全部重量，减小转动时的摩擦，其质量好坏对电能表的准确度和使用寿命有很大影响。上轴承位于转轴上端，起导向作用。

计度器又称积算结构，用来累计转盘的转数，以显示所测定的电能。每一种感应式电能表都有一个依靠联动机构与制动元件相连的积算结构。常见的计度器为字轮式，如图 2-5 所示。

三相感应式电能表的测量机构与单相感应式电能表的测量机构基本相同，不同之处在于，三相三线电能表有两个驱动元件、一个或两个转盘，三相四线电能表有三个驱动元件、两个或三个转盘。

感应式电能表的辅助部件包括基架、底座、表盖、端钮盒及铭牌。

2. 感应式电能表的工作原理

运行中的电能表，其转盘所以能转动，是因为受到电磁力所形成的驱动力矩的作用。即转盘是个导体，在转盘上穿过磁通，导体中便有电流通过，在磁场作用下受到电磁力所形成的驱动力矩的作用而转动。

图 2-6 所示为单相感应式电能表内各磁通分布情况。

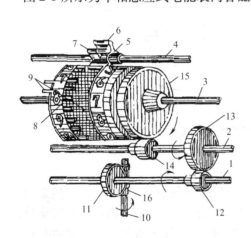

图 2-5　字轮式计度器

1～4—横轴　5—进位轮　6—长齿　7—短齿

8—稍齿　9—槽齿　10—转轴　11—蜗轮

12，14—主动轮　13，15—从动轮　16—蜗杆

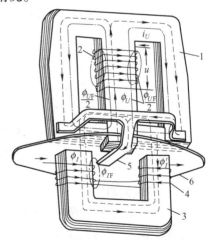

图 2-6　电能表内各磁通分布情况

1—电压铁心　2—电压线圈　3—电流铁心

4—电流线圈　5—回磁极　6—转盘

电压线圈加上电压 U 时，线圈中有电流通过，产生了磁通，该磁通分成两部分：穿过转盘的磁通称为电压工作磁通 ϕ_U，不穿过转盘的磁通称为电压非工作磁通 ϕ_{UF}。

电压工作磁通 ϕ_U 的路径是：

中心柱 → 上磁轭 → 两边柱 → 回磁极
　　　↑ 气隙 ← 转盘 ← 气隙 ↩

电流线圈通过电流 I 时，产生了磁通，该磁通也分成两部分：穿过转盘的磁通称为电流工作磁通 ϕ_I，不穿过转盘的磁通称为电流非工作磁通 ϕ_{IF}。

电流工作磁通 ϕ_I 的路径是：

电流铁心 → 气隙 → 转盘 → 气隙 → 电压铁心
　　　　　↑ 气隙 ← 转盘 ← 气隙 ↩

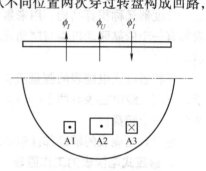

图 2-7　三磁通型电能表的磁极分布

电压工作磁通 ϕ_U 一次穿过转盘，电流工作磁通 ϕ_I 从不同位置两次穿过转盘构成回路，对转盘而言，相当于有大小相等方向相反的两个电流工作磁通 ϕ_I 和 ϕ_I' 穿过转盘，因而构成"三磁通"型感应式电能表。如图 2-7 所示的三个磁极 A1、A2 和 A3，规定磁通方向由下向上为"·"，磁通方向由上向下为"×"。

交变的工作磁通 ϕ_I、ϕ_I' 和 ϕ_U 穿过转盘时，各产生相应的滞后 90° 的感应电动势及感应电流 i_{PI}、i_{PI}' 和 i_{PU}，如图 2-8 所示。感应电流 i_{PI}、i_{PI}' 和 i_{PU} 的方向根据右手螺旋定则确定。感应电流 i_{PI}、i_{PI}' 与电压工作磁通 ϕ_U 相互作用形成电磁力 f_I，感应电流 i_{PU} 与电流工作磁通 ϕ_I、ϕ_I' 相互作用形成电磁力 f_U。电磁力 f_I、f_U 的方向根据左手定则确定。电磁力 f_I、f_U 分别产生瞬时驱动力矩 m_1、m_2。

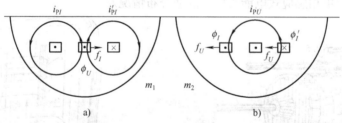

图 2-8　转盘内磁通和感应电流示意图
a) f_I 形成　b) f_U 形成

m_1 和 m_2 的代数和在一个周期内的平均值即转盘所受到的驱动力矩 M_Q。三相感应式电能表的驱动力矩 M_Q 是两个或三个驱动元件所产生驱动力矩的代数和。通过复杂的运算，感应式电能表在满足一定的制作工艺条件下，驱动力矩 M_Q 与电能表所测量的有功功率 P 成正比，即

$$M_Q = K_1 P \tag{2-1}$$

式中，K_1 为比例系数。

当感应式电能表所测量的有功功率不变时，转盘就受到一个大小和方向不变的驱动力矩的作用。如果转盘仅受一个驱动力矩的作用，则只要此力矩略大于转盘的固有阻力矩，转盘就开始等加速运动，因此就不能有一个稳定的转速来正确反映一定的负载功率。为了使转盘在恒定的功率下作等速旋转，就需对转盘施加一个与驱动力矩大小相等、方向相反的反作用力矩，这个反作用力矩就是制动力矩。设置永久磁铁，就是对转盘产生一个制动力矩，使转

盘转速保持和负载功率成正比的关系。

永久磁铁和转盘的相对位置如图 2-9 所示。永久磁铁中的磁通 Φ_T 从 N 极出发，经过气隙、转盘到磁铁的 S 极，沿永久磁铁的磁轭回到 N 极构成回路，该制动磁通不随时间变化。当转盘在驱动力矩的作用下转动时，切割磁通 Φ_T，就会在转盘中感应电动势及感应电流 i_T，其方向可用右手定则确定。感应电流 i_T 和制动磁通 Φ_T 相互作用产生电磁力矩 M_T，根据左手定则判断出 M_T 的方向始终和转盘转动的方向相反，而与磁铁的极性无关，如图 2-9 所示，M_T 称为制动力矩。根据复杂的运算，制动力矩 M_T 与转盘的转速 n 成正比，即

$$M_T = K_2 n \tag{2-2}$$

式中，K_2 为比例系数。

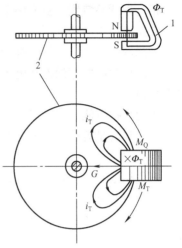

图 2-9　制动力矩的形成
1—永久磁铁　2—转盘

制动力矩 M_T 与转盘的转速 n 成正比，故能阻止转盘加速转动。这是保证电能表准确计量必须满足的重要条件。

当负载功率保持不变时，驱动力矩与制动力矩保持平衡，转盘作匀速转动。当负载功率变化时，驱动力矩也随之变化，转盘转速也变化，制动力矩也就随着变化，直到负载功率不再变化时，驱动力矩和制动力矩保持新的平衡状态，转盘在新的转速下作匀速转动。

转盘作匀速转动时，$M_Q = M_T$，即 $K_1 P = K_2 n$，所以转盘转速 n 与负载功率 P 成正比。设在某段时间 T 内，负载功率不变，又设在时间 T 内转盘转过的转数为 N，则

$$N = nT = APT = AW \tag{2-3}$$

式中，W 是负载在时间 T 内消耗的电能，单位为 kW·h；A 是电能表常数。

3. 三相感应式电能表

三相感应式电能表是由单相感应式电能表发展而成的，同样由驱动元件、转动元件、制动元件、轴承、计度器等部件组成。三相感应式电能表与单相感应式电能表的主要区别在于：三相三线电能表有两个电磁元件，三相四线电能表有三个电磁元件。多个电磁元件产生的驱动力矩共同作用在一个转动元件上，并由一个计度器指示三相电路消耗的总电能。总的计量结果是多个电磁元件计量结果的代数和。

4. 感应式电能表的误差及误差调整

由电能表的工作原理可知，在任何负载条件下，只有与负载功率成正比的驱动力矩和制力矩作用在转盘上，电能表才能正确计量电能。但是，实际上除了这两个基本力矩外，还有抑制力矩、摩擦力矩和补偿力矩等附加力矩的作用，以及电流铁心工作磁通的非线性的影响，这样，便破坏了转盘的转速和负载功率成正比的关系，引起了电能表的误差。电能表在规定的电压、频率和温度的条件下，测得的相对误差值为基本误差。电能表在运行中，由于电压、频率和温度等外界条件变化所产生的误差为附加误差。

为将感应式电能表的误差限制在准确度等级允许的范围内，每只电能表都设置了误差调整装置，包括满载调整装置、相位角调整装置、轻载调整装置及防潜装置。有些电能表还有过载补偿装置及温度补偿装置，三相电能表还应装有平衡调整装置。

满载调整装置又称为制动力矩调整装置，主要通过改变电能表永久磁铁的制动力矩来改变转盘的转速，用于调整 20% ~100% 标定电流范围内电能表的误差。

相位角调整装置，主要用于调整电能表电压工作磁通与电流工作磁通之间的相位角，以保证电能表在不同功率因数的负载下都能正确计量。

轻载调整装置，又称为补偿力矩调整装置，主要用来补偿电能表在 5% ~20% 标定电流范围内运行时的摩擦误差和电流铁心工作磁通的非线性误差以及由于装配的不对称而产生的潜动力矩。

潜动是指电能表在施以额定电压、电流线路中无电流时，电能表转盘缓慢转动的现象。

防潜装置是装在转轴上的钢丝，或是在转盘上钻的小孔，主要作用是制止电能表无负载时的空转现象。

过载补偿和温度补偿装置，过载补偿一般固定在电流元件上，温度补偿一般固定在磁钢或电压线圈及磁推轴承上。

三相电能表的平衡调整装置，将各组驱动元件在相同负载功率下的驱动力矩调到相等，在不对称的三相负载或电压下运行时，使三相电能表的误差不致超过允许范围。

2.3　电子式电能表

2.3.1　电子式电能表的基本结构和测量原理

电子式电能表开始出现于 20 世纪 60 年代，由于受到当时技术水平的限制，电子式电能表的价格很高，仅供标准式电能表用。随着微电子技术和计算机技术的发展，80 年代出现了应用微处理机的电能表，不仅用于标准式电能表，且广泛应用于安装式电能表，安装式电子电能表因准确度高、体积小、重量轻、功能多，且性价比高，得到了快速推广和普及。我国从 2003 年开始的城乡电网第二轮改造，开始推广电子式电能表，电子式电能表在我国的发展非常迅速。

电子式电能表的结构完全不同于感应式电能表。电能的基本表达式为

$$W = \int_0^\tau p \mathrm{d}t = \int_0^\tau u i \mathrm{d}t \tag{2-4}$$

式中，p、u、i 分别是瞬时功率、瞬时电压、瞬时电流值。

测量电能的基本方法是将电压、电流相乘，然后在时间上再累加（积分）起来。电子式电能表中实现积分的方法，是将功率转换为脉冲频率输出，该脉冲称为电能计量标准脉冲 f_H（或 f_L），其频率正比于负荷功率。

为了能将被测电压、电流变为代表被测功率的标准脉冲，并显示所计电能值，电子式电能表一般由输入级、乘法器、P/f 变换器、计数显示控制电路、直流电源等几部分组成，其基本结构框图如图 2-10 所示。其中乘法器和 P/f 变换器组成电能计量单元。

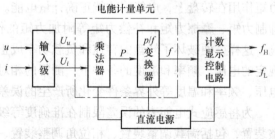

图 2-10　电子式电能表的基本结构框图

1. 输入级

输入级的作用，是将被测的高电压（几十伏或几百伏）和大电流（几安至几十安）转换成电子电路能处理的低电压（几十毫伏至几伏）和小电流（几毫安）输入到乘法器中，并使乘法器和电网隔离，减小干扰。

被测电流 i 经电流输入电路变换成 U_i 弱电信号，被测电压 u 经电压输入电路变换成 U_u 弱电信号。然后将 U_i 和 U_u 送到模拟乘法器进行运算，因此输入变换电路的变换精度直接影响到电能计量的准确性。

电流输入电路分为精密电阻分流器和电流互感器两种类型。精密电阻分流器一般采用精密电阻锰铜板进行分流，温度系数小，线性度好，多数电子式电能表采用精密电阻分流器。电流互感器输入电路通常带有源补偿器，带有源补偿器的互感器比普通不带有源补偿器的互感器的角差、比差小两个数量级。

电压输入电路分为电阻网络和电压互感器两种类型。

2. 乘法器

乘法器是实现被测电压、电流相乘，输出为功率的器件，它是电能表的关键电路。常用的乘法器分为模拟乘法器和数字乘法器，模拟乘法器又分为时分割乘法器和霍尔乘法器等，数字乘法器又分为硬件乘法器（由移位寄存器和加法器组成）和软件乘法器（利用乘法指令实现）。

3. P/f 变换器

P/f 变换器是把乘法器输出的代表有功功率的信号变为标准脉冲，并且用脉冲频率的高低来代表功率大小的电路。它和计数器一起实现电能测量中的积分运算，不同的乘法器后面应跟不同的 P/f 变换器。

模拟乘法器输出的有功功率送给 U/f 变换（或 I/f 变换）电路，从而产生频率正比于有功功率的电能脉冲。U/f（或 I/f）变换器在极低频时误差较大，为了获得线性好而且稳定的频率信号，通常是把电压变换为较高的频率信号 f_H，然后分频为低频信号 f_L，分频器属于数字逻辑电路，正常工作时不会产生误差。数字乘法器输出的有功功率送给数字频率 D/f 变换电路，D/f 变换也可由软件实现。

4. 计数显示控制电路

计数器对 P/f 变换器的输出脉冲计数，累计电能，从而完成积分运算；显示器显示电能表所测量的电能，显示器有字轮式计度器、液晶显示器（LCD）和发光二极管（LED）显示器几种类型；控制电路用于实现电子式电能表的各种功能。

5. 直流电源

除上述几部分外，电子式电能表中还包括直流电源，为各部分电子电路的工作提供合适的直流电压。电子式电能表的直流电源通常有三种方式：工频电源、阻容电源、开关电源。

工频电源是最常见的供电方式。它由工频降压变压器、整流电路、电容滤波、三端集成稳压器组成，其优点是结构简单、电气隔离性好、传导可靠，缺点是体积大、不易解决掉相故障。

阻容电源采用电阻或电容分压进行降压，适合于以液晶显示等要求工作电流很小的场合。电阻降压方式的优点是结构简单、输入电压范围宽，缺点是无电气隔离、电源效率低。电容降压方式的优点是转换效率较高，但电容易击穿。工频电源和阻容电源都属于线性电源。

　　开关电源是利用现代电力电子技术，控制开关器件的开通和关断时间比率，维持稳定输出电压的一种电源。它通常在 20kHz 的开关频率下工作。开关电源具有效率高、体积小和输入电压范围宽等优点，高端电子式电能表普遍采用开关电源。

　　如前所述，电子式电能表对有功电能的测量原理为：被测电流、电压经输入电路变换成弱电信号 U_i、U_u，将 U_i 和 U_u 送到乘法器进行乘法运算得到功率，该功率经 P/f 变换器及计数器实现积分运算，得到所测量的有功电能。

2.3.2　电能计量芯片

　　从理论上来说，电子元器件越少其稳定性及可靠性就越高。要使电子表成批量生产，就需要将上述图 2-10 的电子电路尽可能集成，这样就形成了计量芯片。计量芯片不仅集成了乘法器、P/f 变换器，而且还包含有其他电路，如相位调整电路、电源监测电路、接口电路等，计量芯片的主要功能是用于计量，是电子式电能表的核心部件。计量芯片的出现使单相电子式电能表的设计变得非常简单，只要在计量芯片外加一些简单的外围电路，就可形成一个电子式电能表，准确度一般在 1 级以内，并符合 IEC 1036 标准。计量芯片的面世使电子式电能表得到了飞速发展。

　　下面简单介绍几种常见的电能计量芯片。

　　(1) 普通单相电能计量芯片 AD7755，由内部两路模拟输入、16 位 A/D 转换电路、DSP 乘法器及数字频率转换器组成，可直接驱动步进电动机和计数器，并有可供校验用的高频脉冲输出。这种芯片外围电路简单，可组成单相普通型电子式电能表。

　　(2) 复费率、预付费及集中抄表单相专用芯片 AD7756，在 AD7755 基础上，增加了串行输出 (SPI) 接口，结合单片机技术，可方便地实现复费率 (黑白表)、预付费 (卡表) 及集中抄表功能。

　　(3) 防窃电单相专用计量芯片 AD7751，同样在 AD7755 基础上，增加一路模拟输入通道，可测量相线及中性线上的电流，并自动选择较大的电流值作为计量依据，从而达到防窃电的目的。

　　(4) 普通功能三相电能计量芯片 ADUC812，具有 8 通道、12 位 A/D 转换、SKFLASH、8052 内核及串行接口，能很容易地实现普通功能的三相电子式电能表。

　　(5) 多功能三相电能计量芯片 AD73360，6 通道、16 位同步采样 A/D 转换器及串行接口，很容易实现与 CPU 或 DSP 的通信，构成高精度、多功能的三相电子式电能表。

　　(6) 低成本、多功能三相计量芯片 AD7754，集成了 3 个 AD7756 的三相电能计量芯片，以实现三相电能表的低成本、长寿命、多功能和高精度。

　　(7) 美国 CIRRUS LOGIC 公司的 CS5460A 芯片，由 16 位 A/D 加上 DSP 技术构成的乘法器，准确度可达到 2‰，但价位较高。

2.3.3　电子式电能表的误差及误差调整

1. 误差来源

　　电子式电能表的误差来源，主要是由表内分流或电流互感器 (TA)、表内分压器或电压互感器 (TV)、乘法器等部分引起的。

（1）分流器引起的误差。目前多数单相电子式电能表的分流器由锰铜合金板制成，其温度系数小，电阻随温度变化而发生非线性变化，这会引起电子式电能表误差对温度影响呈现非线性变化。因为锰铜为纯电阻，选择其阻值很小（电子式电能表一般选 $35 \sim 88 \mu\Omega$），电流在一定范围内变化（ $5\% \sim 600\% I_b$ ）时，其阻值不会发生变化，即其对电流的非线性几乎为零。

（2）电流互感器（TA）引起的误差。电流互感器的误差主要与一次回路电流、二次负载和工作频率有关。一次回路电流与误差绝对值及相位差误差成反比。二次负载与误差绝对值及相位差误差成正比。频率（ $25 \sim 100$ Hz）对误差影响很小。表内电流互感器的铁心采用高磁导率的坡莫合金或优质硅钢带制成，以尽量减小铁心损耗和有限磁导率所产生的相位差。随着技术的发展和对准确度的高要求，出现了采用电子补偿器的高准确度电流互感器。

（3）分压器引起的误差。电子式电能表分压器一般选用 1% 准确度的金属膜电阻，其温度系数 $\alpha \leqslant 50 \times 10^{-6}$，故对于 0.5 级以下准确度的电能表，其误差随温度变化可以忽略不计。因为其为电阻分压，一次电压变化对误差的影响几乎可忽略不计。由负载引起的误差几乎为零。

（4）电压互感器（TV）引起的误差。根据对电压互感器原理的分析，电磁感应电压互感器的误差特性也与一次电压变化、二次负载和工作温度有关，但都不如电阻网络分压器的明显。

（5）数字乘法器引起的误差。数字乘法器采用高准确度 A/D 转换进行数字化，然后进行数字信号乘法运算。除 A/D 转换引起误差（高精度电子式电能表一般采用 12 位 A/D，准确度为 0.0244%）外，线性范围很宽（ $1:1000$ ），温度和频率特性很好，误差可忽略不计。采用 12 位 A/D，由于其转换分辨率高，对 0.5 级及以下准确度的电子式电能表误差也可忽略不计。

（6）模拟乘法器引起的误差。模拟乘法器由运算放大器和大规模集成电路实现，故其误差随着输入电压的变化有非线性变化的特性。在很宽的频率范围内模拟乘法器误差特性稳定。温度变化在 $-40 \sim 85$℃ 范围内，误差变化基本可以忽略不计。

2. 误差调整

电子式电能表误差的调整有两种方式：

（1）调整分压器中的可调整电阻。电子式电能表在电能计量模块的输入端对被测电压取样的分压器设有可以调整的电阻，用于在出厂前调整电能表的准确度和线性。这些电阻在出厂时一经调好，用户在校验时就不用打开内部电路进行调整，若发现不合格，整块表换掉即可，这样就简化了校表手续。

（2）采用软件调整。这种电子式电能表的分压器没有可调整的电阻，它采用软件调表。软件调试的原理是，单片机将从电能计量模块读出的原始数据乘一个修正系数，使测量值与真实值基本一致。由于测量值有足够的有效位，单片机运算速度又高，所以经 $1 \sim 2$ 次修正就可到位。对用户来说，在校验时无可调整元件。

用户只是对电能表进行测试，用以确认表计是否达到厂家的技术指标，通常主要是测精度。为保证测试的准确性，电能表周围的环境温度应在 22℃ 左右。测试前电能表应至少通电 10s，以保证电源回路的稳定。

2.4　各种电子式电能表

根据功能不同，电子式电能表有多种，包括预付费电能表、分时电能表、最大需量电能表、多功能电能表等。本节简要介绍单相分时电能表和三相多功能电能表，使读者对电子式电能表的组成及工作原理有深入的理解。

2.4.1　分时电能表

分时计量电能表又称为复费率电能表，是一种按不同时段分别计量用户用电情况的电能表。按照电力负荷的大小，一天 24h 分为用电的顶、平、峰、谷等不同时段，供电部门对不同时段的用电实行不同电价，用经济手段鼓励用户主动采取避峰填谷的措施，从而使电力负荷曲线变缓，以提高发电设备的利用率，同时减小由于负荷曲线变化太大而引起的不安全因素。20 世纪 30 年代，国外就开展了电力负荷控制方面的研究。实行分时计费是一种经济有效地调节负荷曲线的方法。

单相分时计量电能表框图如图 2-11 所示。它主要由电能计量电路、看门狗电路、实时时钟电路、单片机系统和显示器等几部分组成。为了便于校表、抄表和正确使用该表，电路还包含校验脉冲输出、时段切换信号输出电路和 RS485 及红外通信口。

1. 电能计量电路

电能计量电路采用单相电能计量专用集成电路，其工作原理为：由分压器完成电压取样，由取样电阻完成电流取样，取样后的电压、电流信号由乘法器

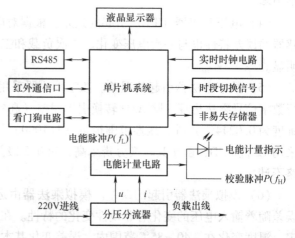

图 2-11　单相分时计量电能表框图

转换为功率信号，经 U/f 变换后，产生表示用电多少的脉冲序列。其中的高频电能计量脉冲 $P(f_H)$ 代表瞬时有功功率，经光耦合器隔离后输出，用作校验脉冲，与光耦合器相串联的发光二极管（LED）可作电能计量指示。高频脉冲 $P(f_H)$ 经 16 分频和驱动后成为低频电能脉冲 $P(f_L)$，累计此脉冲即可计算有功电能，所以此脉冲经光耦隔离后送给单片机，进行电能计量。电能测量专用集成电路内部设置了反潜动逻辑和反窃电功能，当电能脉冲低于一定值时关断其输出以反潜动；电流通道设有斩波电路，使得乘法器的输出不仅与 U_i、U_u 有关，且与相位有关，能识别正反向有功功率，并且在反向有功功率时，也输出电能计量脉冲，照常计量。

2. 单片机系统

单片机是分时计量电能表的核心，其主要功能是接收电能计量电路送来的用电量信息，根据设定的时段，由存储器中内设的程序控制对电能脉冲进行计数，并换算成相应的电能量，分别计入峰、平、谷时段相应的用电量和总用电量的存储单元中，完成电能量的分时计量，然后将处理过的数据根据需要送至存储器、显示器、通信部分等设备。

3. 看门狗电路

看门狗电路（Watch Dog Timer，WDT），用于监测单片机的程序运行。为防止在工作过程中单片机内部程序运行发生错误，出现死机现象，加入了 WDT。一旦发现死机，WDT 立即向单片机复位端发出复位信号，使单片机从死机状态中解脱出来，恢复程序的正常运行。

4. 实时时钟电路

实时时钟电路是分时计量电能表的重要组成部分，它为电能表分时计量电能提供标准时间。实时时钟分为硬时钟和软时钟两种。硬时钟由独立的实时时钟芯片组成，较常用的实时时钟芯片有 PCF8583、MC146818、MC68HC86T1、M5832、RTC4553 等。这些实时时钟芯片不需要单片机干预，就能产生秒、分、时、年、月、日等时间数据，并能自动进行闰年补偿、星期操作，还有的具有产生定时中断等功能。硬时钟的优点是时钟的准确度与单片机软件无关，不易产生误差；缺点是成本较高、体积大，并且与单片机通信时可能会受到外界的干扰。软时钟是利用单片机内部或外部产生定时中断，由软件程序通过对定时中断计数，计算出实时时间。软时钟的优点是产生的日历时钟放在单片机内部 RAM 中，单片机可以方便地读取；缺点是当单片机发生故障时，时钟也容易遭到破坏。因此，智能化分时计量电能表一般采用独立的硬时钟芯片。

5. 显示器

用于分时计量电能表的显示器有 3 种，较常用的是 LED 数码管和 LCD 液晶显示板，第三种是 PIP 荧光数码管。

6. 两个通信接口

复费率表是一种需要设定运行参数（底度、时段、费率等），并需定期观测和抄表的仪表，为方便用户使用，现各有两种通信接口：一种为接触式 RS485 接口；另一种为非接触式红外接口。

（1）RS485 接口：RS485 接口用于远距离高速传输信号，可实现远程抄表。RS485 接口标准为差分平衡的电气接口，可克服 RS232 地端电位的影响，可在 1200m 传输距离内把传输速度提高到 100kbit/s。使用一对平衡差分信号线可以连接多个表，只可半双工工作，即任意时间只有一个端口可发送数据。

（2）红外接口：红外是 20 世纪 70 年代发展起来的新兴电子技术，现在广泛地用在电视机、空调器上，它是一种非接触式近距离通信技术。可通过手持终端对分时计量电能表实现编程和抄表功能。红外通信的基本原理是：在发送端，先将数据编码，然后将其调制到 40kHz 左右的载波上，以便抑制环境可见光和红外线的干扰，最后由红外发射管将电信号以光波的形式发送出去。在接收端先用光敏管把光信号接收下来，还原为电信号，然后用解调器解出数据编码，最后由译码器译出信息内容。所以这种通信方式既有电信号，又有光信号，既有调制解调，又有编码译码，理论上较复杂。但对于使用者来说，只需了解一般概念。

7. 时段切换信号

为了便于校验电能表的投切时段是否准确，电能表可在规定的时间输出投切时段信号。校表时，可通过通信口，要求电能表输出一投切时段信号，校验其是否准确。

8. 软件功能

在分时计量电能表中，除了硬件电路，软件部分也相当重要。单片机系统所做的任何工作都是在程序控制下完成的。控制程序是一个循环执行程序，一般由两部分组成：一部分是系统主程序，包括被它调用的各类子程序；另一部分是中断服务程序，它由单片机内部或外部中断信号启动执行。单片机控制程序对各类外部信号的处理可以采用查询的方式进行，也可采用中断的方式处理。电业部门可通过 RS485 接口或红外接口进行远程和现场自动编程、抄表和控制。

编程可对下列工作参数进行修改：日期、时间、费率、数据结算周期、操作密码、电表编号、用户编号等。

（1）费率设置：一年可分为 16 个时区，并可指定 14 个节假日，每周的每一天都可指定为工作日或公休日。

可按顶、平、峰、谷四种费率把每天分为 12 个时段，最小的时段为 15min。每天这 12 个时段共允许有 8 种分法，称为时套，时套即是分时计量参数的组合。每个时区或每个节假日、公休日都可选这 8 个时套之一作为计量标准。

（2）每月的任一天的整点时间可设定为电能表结算的分割点，默认值为月末日的 23 点。

2.4.2　多功能电能表

多功能电能表是指除计量有功（无功）外，还具有分时、测量需量等两种以上的功能，并能显示、存储和输出数据的电能表。

电子式多功能电能表由测量单元和数据处理单元等组成。数据处理单元一般是由单片机担任。由于单片机功能强大，外扩少许电路或用软件编程，很容易实现多功能要求。三相电子式多功能电能表的组成框图如图 2-12 所示。该图是三相四线电子式多功能电能表的组成框图，三相三线电子式多功能电能表的组成框图与它的区别在于输入部分，电流是两相，即 I_a 和 I_c。电能计量模块既可以配置为三相四线表，也可以配置为三相三线表。多功能电能表各组成部分的作用和功能如下：

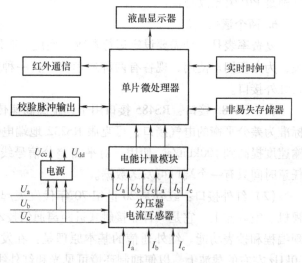

图 2-12　三相电子式多功能
电能表的组成框图

1. 分压器、电流互感器

电压输入电路采用电阻分压器。电阻分压器具有非常好的线性度，可最大限度地减小在大动态范围内的相移，从而减小电压输入电路所产生的误差。电阻分压器将电压输入按比例减小到适合电能计量模块。电流输入电路采用高精度绕组电流互感器。电流互感器按比例减小线路电流，以适合电能计量模块。

2. 电能计量模块

电能计量模块采用专用电能计量芯片（IC），该芯片内置模/数转换器（A/D）和数字信号处理器（DSP）。电能计量芯片按一定的速率对电压、电流进行采样，并将其转换为数字量。采样速率决定电能表的准确度，速率越高，准确度也就越高。DSP 对电压、电流进行乘积和其他各种运算。

电能计量模块具有三相电压、三相电流输入端和标准总线接口，电阻分压器输出的各相电压分别送入它的对应电压输入端；电流互感器输出的各相电流分别送入它的对应电流输入端，电能计量模块可测量分相的有功功率、分相的无功功率、各相频率以及各相电压，并且提供逆相序等状态信息。所有数据均存放在对应的寄存单元中，通过标准总线的访问，一次可访问一个寄存单元或将所有数据全部读回。电能计量模块和单片微处理器不停地互相通信，以处理电压、电流的输入信号，并把测得的有功、无功数据经标准总线接口送给单片机进行数据处理，最后存储、显示。

三相三线电子式多功能电能表采用两表法来测三相三线电路的有功及无功的电能，三相四线电子式多功能电能表采用三表法来测三相四线电路的有功及无功的电能。

3. 非易失存储器

非易失存储器采用 EEPROM，用于保存所有与需量运算、分时运算有关的关键数据。这些数据包括：编程数据；电能表常数；有功总电量；无功或视在总电量；最大需量；累积最大需量；复费率时的分时需量；分时计费数据的历史数据；需量复位累积次数；断电累积次数；修改数据通信的累积次数。

4. 单片微处理器

单片微处理器定时从电能计量模块取出数据，数据经过修正运算以后送入电量累加单元，同时根据修正后的数据计算出功率、电压、电流、功率因数等参数，并计算出统计量，如断相欠电压累计时间、累计次数、电能表累计工作时间等，并将这些数据存入非易失存储器 EEPROM，以供显示和查询。同时，单片机检测电源电压告警信号，如发现电压低至门槛以下，立即进行现场保护，将运行数据存入 EEPROM，并进入低功耗工作模式，直到电压恢复正常。若检测到电池电压不足（Bah-OFF），就发出告警提示，以便及时更换新电池。

电子式多功能电能表的许多功能是通过软件实现的。

（1）软件调试：电能表的准确度和线性调整，可以通过调整分压器中的可调整电阻进行，也可以通过软件进行。软件调试的原理是，单片机从电能计量模块读出的原始数据乘一个修正系数，使测量值与真实值基本一致，由于测量值有足够的有效位，单片机运算速度又高，所以经 1~2 次修正就可到位。对用户来说，在校验时更无元器件可调，简化了校验手续，节约了校验时间，提高了工作效率。

（2）软件产生校验脉冲：为便于用户校验电能表，必须由单片机产生并输出一个频率和功率成正比的标准校验脉冲。标准脉冲可由硬件产生，也可由软件产生。软件产生标准脉冲的方法是，单片机每隔 Δt 从电能计量模块读一次数据（功率 P），每读一次数据，电量累加单元就累加一次电能，即

$$W = W + P\Delta t \tag{2-5}$$

若电能累加到 $W \geqslant 1/A$（kW·h），（其中，A 为电能表常数，单位为 imp/kW·h，$1/A$ 为脉冲当量，）单片机就输出一个脉冲，并从电量累加单元的电能值 W 中减去脉冲当量；当电能 W 再次累加到满足 $W \geqslant 1/A$（kW·h）时再输出一个脉冲……，由此产生标准校验脉冲，经光耦

隔离后输出。

（3）计量电能：

1）按四种费率时段计量正向、反向的有功电能及无功电能，累计总有功、无功电能。

2）实时测量并显示电压、电流、功率、总功率及总功率因数。

（4）计量最大需量：每隔一定时间，按累计的电量，计算一次平均功率，并与上次计算值比较，记下最大值，同时记录最大需量发生的日期与时间。

（5）记录负荷曲线：电能表能记录一定时间周期（如最近60天）内每隔30min的正向有功需量值（kW），可在计算机系统终端绘制负荷曲线，并浏览数据。

（6）断电检测：可检测断电事件，记录断电的累计次数。断电次数自动由0开始累计一直到9999后重新开始。

（7）每相失电压检测：可检测任意一相的失电压，只要电能表有一相电压存在，当某相电压低于所设门槛值时，即认为此相失电压。电能表一或两相失电压时，仍可工作。因为失电压相不计电量，每相失电压检测可用于检查输入回路或窃电行为。

电能表记录每相累计失电压时间（不包括三相均断电时间）。

（8）记录事件：记录欠电压事件，当某相电压低于门限值时，即记录为一次欠电压事件，同时记录发生时间与恢复时间，共可记25项。

记录反向功率事件，同时记录发生与恢复时间，共可记75项。

在使用感应式电能表进行电能计量的情况下，常有不法分子采用各种手段进行窃电。尽管电力部门加大用电稽查力度，但窃电情况仍是防不胜防。不法分子采用的各种窃电手段，不外乎是使接入电能表的某一相电压或电流为零（断相），或故意错接线而使驱动力矩小于负荷功率。由于电子式多功能电能表的断电检测功能、每相失电压检测功能、记录事件功能以及为光口通信和远方通信分别设定专用密码、对各项参数设定写保护，因而能将所有可能的窃电行为记录在案，并保护电能表的重要数据不被篡改，使传统的针对感应式电能表的窃电方式均告失败，电子式多功能电能表具有防窃电性能。

（9）结算：电能表具有自动结算功能，结算日期可编程设置。电能表可保存最近12个月的结算数据。结算数据包括：正向、反向的有功及无功电能，当月费率下的正向有功用电量，当月电能表运行时间，当月事件发生次数，最大需量及发生时间。

5. 红外通信

电能表具有红外通信接口，可使用便携式计算机对其编程和抄录数据，抄录的数据可送到计算机系统终端进行数据处理。

（1）编程：通过便携式计算机可直接对电能表写入用户号和编程密码。可编程的内容为：当前日期与时间、费率、累积的总有功和无功电量、累积的正向有功总需量、事件发生总次数、编程次数等。

按多种费率，每天可划分为若干个时段。

（2）抄录数据：可抄录电能表12个月的结算数据；抄录累积总电量（有功、无功）、累积正向有功总需量、事件发生次数、编程次数、最近一次的编程日期和时间及电能表错误状态字；抄录事件记录数据。

6. 电源

采用开关电源。

2.5　智能电能表

智能电能表（Smart Meter）是具有电能计量、信息存储和处理、网络通信、实时监测、自动控制以及信息交互等功能的电能表。按照电能表的分类，智能电能表属于多功能电能表的范畴。智能电能表是智能电网高级计量体系（Advanced Metering Infrastructure，AMI）中的重要设备。

2.5.1　智能电能表工作原理

智能电能表虽然是一个新概念，但是计量器具的属性没有变，其计量原理依然由经典理论奠定，其物理构成同样是在静止式电能表、多功能电能表的基础上，对其技术的延续与发展。

智能电能表的原理框图（以三相四线电能表为例）如图 2-13 所示。它由测量单元、数据处理单元、通信单元等组成，具有电量计量、信息存储及处理、实时监测、自动控制、信息交互等功能。电能表工作时，电压、电流经取样电路分别取样后，送入专用电能芯片进行处理，并转化为数字信号送到 CPU 进行计算。由于采用了专用的电能处理芯片，使得电压、电流采样分辨率大为提高，且有足够的时间来更加精确地测量电能数据，从而使电能表的计量准确度有了显著改善。

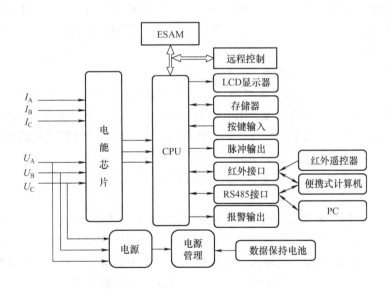

图 2-13　智能电能表的原理框图（三相四线）

图 2-13 中，CPU 用于分时计费和处理各种输入/输出数据，通过串行接口将专用电能芯片的数据读出，并根据预先设定的时段完成分时电能计量和最大需量计量功能，根据需要显示各项数据、通过红外或 RS485 接口进行通信传输，并完成运行参数的监测，记录存储各种数据。

2.5.2　智能电能表的特点

智能电能表具有下述特点。

（1）智能化。智能电能表不同于一般电能表的最大特点就是"智能"，即在没有人工参与的情况下，会自身发现问题、分析问题、解决问题，具有"思考"能力。以本地费控智能电能表为例，在用户用电过程中，当表内剩余金额小于或等于设定的报警金额时，智能电能表就能以发光、声或其他方式，及时提醒用户缴费，若继续使用到设定的透支金额限值时，智能电能表就会发出断电信号，控制负荷开关中断供电。

（2）标准化。近几年来，电子式电能表技术发展迅速，预付费、防窃电、复费率等功能与技术，不断被利用创新。由于生产厂家技术力量参差不齐，使得电能表市场种类繁多、规格不一、兼容性差，给电力系统安装、维护以及用户使用带来极大不便。智能电能表从型式、结构、功能、技术等方面，包括物理结构、技术指标、力学性能、功能要求等进行统一，实现"标准化、统一化"，从长远看，既优化了电能表技术资产资源配置，又可减少后期使用维护费用，促进电能表应用水平的整体提升。

（3）人性化。智能电能表最大的好处就是设计人性化，按动表上的显示按钮，用户就可以看到当前和上（上）月电量、本次购电金额、当前剩余金额、各费率累计电能量和总累计电能量等用电信息，做到明明白白消费，避免欠费停电带来的损失。执行分时电费的用户还可根据显示的各费率累计电量，充分利用峰、谷电价的差异及时调整用电方案，做到用相同的电，花最少的钱。执行阶梯电价的用户可及时查看当月用电量，只要不超过阶梯电价第一档，则月月享受"便宜电"；即使夏季几个月超过了阶梯电价第一档也不要紧，只要全年中其他几个月省一点，根据电量数及时调整用电，使全年用电不超过规定数目，仍然不用多掏钱。做到合理用电，节约能源，节省电费开支。

（4）交换。智能电能表与远程终端之间的数据采集和发送都是利用远程通信完成的，智能电能表除了可以向远程终端报送用电信息外，还可以接收终端发来的调控信息。因此，信息的交换是智能电能表的主要特点之一。智能电能表与电力表计管理系统和终端客户之间的信息交换采用多种通信方式，如 RS485 通信、电力线路的载波通信、无线公网传输以及借助其他专网的通信等，不受环境、空间限制的实时信息交互传输，满足了智能电网的需要。

（5）安全性。智能电能表内装有嵌入式安全控制模块（ESAM），具有多级安全系统保护功能，能够实现安全存储、数据加/解密、双向身份认证、存取权限控制、线路加密传输等，防止无意或非法篡改和系统侵入。在保护智能电能表电量、电费、费率等信息安全，保证参数设置、控制指令等关键命令的可靠执行等方面具有重要意义。

2.5.3　智能电能表的显示界面及其说明

1. 单相智能电能表

单相智能电能表 LCD 显示界面如图 2-14 所示。其中各图形、符号所表达的含义见表 2-2。

单相智能电能表的 LCD 显示界面至少应能显示以下信息：

1）当月和上月月度累计用电量。

2）本次购电金额。

3）当前剩余金额。

4）插卡及通信状态提示。

5）各费率累计电量示值和总累计电量示值。

6）表地址。

7）有功电量显示单位为千瓦时（kW·h），显示位数为 8 位，含 2 位小数；只显示有效位。

8）剩余金额显示单位是元，显示位数为 8 位，含 2 位小数，只显示有效位。

电能表停电后，液晶显示器自动关闭。液晶显示器关闭后，可用按键或其他非接触方式唤醒液晶显示器；唤醒后如无操作，自动循环显示一遍后关闭显示；按键显示操作结束 30s 后关闭显示器。

图 2-14　单相智能电能表 LCD 显示界面

表 2-2　单相智能电能表 LCD 显示图形、符号说明

序号	LCD 图形符号	说明
1	当前上 **18** 月 总尖峰平谷 剩余常数 阶梯赊欠用电量价 时间段 金额 表号	汉字字符可指示： 1）当前、上 1～上 12 月的用电量、累计电量 2）"尖、峰、平、谷"时间、时段 3）阶梯电价、电量 4）赊、欠电量事件记录 5）剩余余额 6）常数、表号
2	**-8.8.8.8.8.8.8.8** 元 kWh	数据显示及对应的单位符号
3	① ② ←··· ⊠ ☎ ∿ ☏ 🔒	1）①、②代表第 1、2 套时段 2）←··· ：表示功率反向指示 3）⊠为电池欠电压指示 4）☎表示红外、RS485 通信中 5）∿表示载波通信中 6）☏为允许编程状态指示 7）🔒为三次密码验证错误指示
4	读卡中 成功 失败 请购电 拉闸 透支 囤积	1）IC 卡"读卡中"提示符 2）IC 卡读卡"成功"提示符 3）IC 卡读卡"失败"提示符 4）"请购电"在剩余金额偏低时闪烁 5）继电器"拉闸"状态指示 6）"透支"状态指示 7）"囤积"为 IC 卡金额超过最大储值金额时的状态指示

（续）

序号	LCD 图形符号	说明
5	①②尖峰⚠ ③④平谷⚠	1）①~④指示当前运行第"1、2、3、4"阶梯电价 2）尖、峰、平、谷指示当前费率状态 3）⚠、⚠指示当前使用第1、2套阶梯电价

2. 三相智能电能表

三相智能电能表 LCD 显示界面如图 2-15 所示。其中各图形、符号所表达的含义见表 2-3。

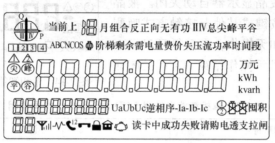

图 2-15　三相智能电能表 LCD 显示界面

表 2-3　三相智能电能表 LCD 显示图形、符号说明

序号	LCD 图形符号	说　　明
1	Q Ⅱ Ⅰ Ⅲ Ⅳ P	当前运行象限指示
2	当前上◯月 组合反正向无有功 ⅢV 总尖峰平谷 ABCNCOSΦ 阶梯剩余需电量费价 失压流 功率时间段	汉字字符可指示： 1）当前、上1月~上12月的正/反向有功电量，组合有功或无功电量，Ⅰ、Ⅱ、Ⅲ、Ⅳ象限无功电量，最大需量，最大需量发生时间 2）"尖、峰、平、谷"时间、时段 3）分相电压、电流、功率、功率因数 4）失电压、失电流事件记录 5）阶梯电价、电量 6）剩余电量（费），尖、峰、平、谷电价
3	-◯◯◯◯◯◯◯ 万元 kWh kvarh	数据显示及对应的单位符号
4	◯◯◯◯◯◯◯ ◯◯	上排显示轮显/键显数据对应的数据标识，下排显示轮显/键显数据在对应数据标识的组成序号，具体见 DL/T 645—2007《多功能电能表通信协议》

（续）

序号	LCD 图形符号	说　明
5	①② 〒.ll~\\☎12🔒🏠🔔	1）①、②代表第1、2套时段 2）⊠为时钟电池欠电压指示 3）⊠为停电抄表电池欠电压指示 4）〒.ll表示无线通信在线及信号强弱指示 5）\\表示载波通信 6）☎表示红外通信，如果同时显示"1"表示第1路 RS485 通信，显示"2"表示第2路 RS485 通信 7）☎为允许编程状态指示 8）🔒为三次密码验证错误指示 9）🏠表示实验室状态 10）🔔为报警指示
6	囤积 读卡中 成功 失败 请购电 透支 拉闸	从上到下，从左到右依次为： 1）IC 卡金额超过最大费控金额时的状态指示（囤积） 2）IC 卡"读卡中"提示符 3）IC 卡读卡"成功"提示符 4）IC 卡读卡"失败"提示符 5）"请购电"剩余金额偏低时闪烁 6）透支状态指示 7）继电器拉闸状态指示
7	UaUbUc 逆相序-Ia-Ib-Ic	从左到右依次为： 1）三相实时电压状态指示，U_a、U_b、U_c 分别对于 A、B、C 相电压，某相失电压时，该相对应的字符闪烁；某相断相时则不显示 2）电压电流逆相序指示 3）三相实时电流状态指示，I_a、I_b、I_c 分别对于 A、B、C 相电流，某相失电流时，该相对应的字符闪烁；某相电流小于启动电流时则不显示。某相功率反向时，显示该相对应符号前的"—"
8	①②③④	指示当前运行第"1、2、3、4"阶梯电价
9	⚠⚠ 尖峰 平谷	1）尖、峰、平、谷指示当前费率状态（尖峰平谷） 2）⚠、⚠指示当前使用第1、2套阶梯电价

对三相智能电能表 LCD 显示界面的显示要求如下：

（1）具备自动循环显示、按键循环显示、自检显示，循环显示内容可设置。

（2）测量值显示位数不少于 8 位，显示小数位可根据需要设置 0~4 位；显示应采用国家法定计量单位，如 kW、kvar、kW·h、kvar·h、V、A 等；只显示有效位。

（3）至少显示各费率累计电量示值和总累计电量示值、最大需量、有功电能方向、日期、时间、时段、当月和上月月度累计用电量、费控电能表必要信息、表地址。具体显示内容及代码要求参见 Q/GDW 354—2009《智能电能表功能规范》附录 B 以及相应电能表技术规范，显示数据应清晰可辨。

（4）显示自检报警代码。报警代码应在循环显示第一项显示；报警代码至少包括下列事件：

1）时钟电池电压不足。

2）有功电能方向改变（双向计量除外）。

（5）显示自检出错代码。出错故障一旦发生，显示器必须立即停留在该代码上，但按键显示可以改变当前代码，来显示其他选项。出错代码至少包括下列故障：

1）内部程序错误。

2）时钟错误。

3）存储器故障或损坏。

（6）需要时应能显示电能表内的预置参数。

（7）可选择显示冻结量、记录/事件等内容。

（8）具有停电后唤醒显示功能。

（9）停电显示：

1）停电后，液晶显示自动关闭。

2）液晶显示器关闭后，可用按键或其他非接触方式唤醒液晶显示器；唤醒后如无操作，自动循环显示一遍后关闭显示器；按键显示操作结束 30s 后关闭显示器。

2.5.4　智能电能表及其网络的特点

作为网络中的基础设备，智能电能表涉及了多个学科、多项新兴技术领域的内容。与静止式电能表或应用于自动抄表系统的表计相比，智能电能表与其网络具有下述特点。

（1）集计量、数字信号处理、通信、计算机、微电子技术为一体。

智能电能表最基本的功能仍然是电能计量功能。不断发展的微电子技术将进一步提高计量芯片、微控制单元（Micro Control Unit，MCU）、片上系统（System on Chip，SoC）等关键器件的集成度，在提高可靠性，降低成本，表计小型化、轻型化，节约资源等方面发挥了不可替代的作用。与功能强大的 MCU 相配合，先进的数字信号处理技术将在包括离散傅里叶变换（Discrete Fourier Transform，DFT）和数字滤波等信号实时处理领域发挥积极的作用。现代通信技术已经融入电能表，为了及时传输、下达用电信息以及对用户的服务响应，包括本地以及网络通信技术在内的各种通信方式以及通信协议将会在用电信息采集系统中得到应用。智能电能表的优势最终将通过电能表＋计算机网络的形式得到体现，计算机主站系统将汇集遍布千家万户的智能电能表、集中器、采集终端、多功能用户服务终端、售电终端、智能插座等设备的信息，对信息进行深度加工、科学管理，为各类用户提供全方位的优质服务。

（2）强化为用户服务的理念，提供广阔的服务空间。

电能计量经历了人工抄表、自动抄表阶段，随着对智能电网研究工作的深入，现正在迈入高级计量体系新阶段。图 2-16 所示为高级计量系统发展进程及布局。人工抄表是一家一户式的独立计量，电力公司采用人工作业方式，采集电能表记录的用户用电数据，为用户提供用电结算信息，同时利用人工录入或手持终端倒入数据的形式，为电力公司自身的生产、管理提供必要的数据信息。这种数据采集方式在我国目前仍然占据着主导地位。另一种是局域性的电能表组网，采用自动抄表技术进行数据采集。在自动抄表系统中，被管理表计用通信网络连接在一起，这些表计的信息上传到上级主站。其中，为用户提供的服务内容主要还是结算信息。电力公司利用自动抄表系统，一方面提高了人员工作效率，另一方面深化了管理。电力公司是自动抄表系统的主要受益者。跨入智能电网时代，高级计量体系将服务范围作了深度扩展，除去贸易结算信息外，电力公司还将提供可视化、互动化的手段，为用户提供形式多样的免费或增值服务。这些服务包含：指导用户合理用电、安全用电、降低电力消耗、节能减排；允许用户便利地接入光伏、风力等分布式能源；允许用户定制电力；运用电力市场的机制，自由购买电力；提供用电专业培训、科普教育等。同时，利用强大的网络功能，为用户链接其他关联信息与服务。

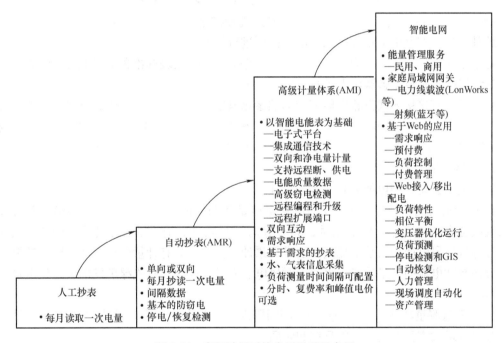

图 2-16　高级计量系统发展进程及布局

（3）高度标准化。

进入高级计量体系阶段，为减少系统集成工作量，使系统能够稳定、高效地工作，电能表网络中使用的各种设备、通信方式、通信协议、接口技术及其各层次的应用软件都高度依赖标准化工作。标准化成为一项最重要的系统工程。

（4）强有力的通信保障能力。

为了将强大的网络功能付诸实现，网络通信是智能电能表的基本功能之一，通信接口也成为智能电能表的基本配置。

2.5.5　智能电能表的种类和功能

鉴于用户的多样性，智能电能表的种类、规格、功能也呈现多样性。既有适用于关口和大型企业的具备双向通信功能的高端表计，也有适用于欠发达地区普通居民用户的功能较简单的表计。用户类型的不同，直接反映了对信息需求以及服务内容的差异。为满足不同的需求，适应各种复杂的环境，智能电能表的组网方式将呈现多样性，通信方式也将因地制宜，综合布局，从而获得可靠、有效、及时的通信保障，为高级计量系统主站传输完整、及时的数据信息。

1. 智能电能表的种类

在国家电网公司的企业标准中，按照等级、通信方式等内容对智能电能表进行了划分。

（1）按等级划分，包含了 0.2S 级、0.5S 级、1 级和 2 级。

（2）按照负荷开关划分，有内置和外置负荷开关之分。

（3）按照通信方式划分，有载波、GPRS 无线、RS485 总线之分。

（4）按照费控方式划分，有本地费控与远程费控之分。

此外，还可按照电流量程范围、电压范围进行划分。

对于单相电能表其参比电压是 220V，直接接入式电能表标准的参比电流有 5A、10A、20A 三种规格，而经互感器接入式的规格是 1.5A。

规范后，直接接入式三相电能表的标准参比电压有两种规格：3×220/380（V）和 3×380（V）；参比电流有 5A、10A 和 20A 三种规格；经互感器接入式的标准参比电压有两种规格：3×55.7/100（V）和 3×100（V）；参比电流有 0.3A、1A 和 1.5A 三种规格。

2. 智能电能表的功能

国家电网公司智能电能表企业标准设计了 20 类功能。

（1）计量功能：具有正向、反向有功电能量和四象限无功电能量计量功能，并可以据此设置组合有功和组合无功电能量；具有分时计量功能，有功、无功电能量可对尖、峰、平、谷等各时段电能量及总电能量分别进行累计、存储；具有计量分相有功电能量功能，其中，反向有功电能的计量功能，可用于对风电、光伏发电等间歇式绿色发电装置发电量的计量。

（2）需量测量功能：可在约定的时间间隔内（一般为 1 个月），测量单向或双向最大需量、分时段最大需量及其出现的日期和时间。

（3）时钟功能：日历、计时、闰年可自动转换。

（4）费率和时段功能：至少可设置尖、峰、平、谷四个费率；全年至少可设置 2 个时区；24h 内至少可以设置 8 个时段；支持节假日和公休日特殊费率时段的设置；应具有两套可以任意编程的费率和时段，并可在设定的时间点启用另一套费率和时段。

（5）清零功能：包括电能表清零、需量清零。电能表清零功能可清除电能表内存储的电能量、最大需量、冻结量、事件记录、负荷记录等数据；需量清零功能可清空电能表内当前的最大需量及发生的日期、时间等数据。清零操作应有防止非授权人操作的安全措施。

（6）数据存储功能：至少存储上 12 个结算日的单向或双向总电能和各费率电能数据。至少存储上 12 个结算日的单向或双向最大需量、各费率最大需量及其出现的日期和时间数据；数据转存分界时刻为月末的 24 时（月初零时），或在每月的 1～28 号内的整点时刻；月末转存的同时，当月的最大需量值自动复零。在电能表电源断电的情况下，所有与结算有关的数据至少保存 10 年，其他数据至少保存 3 年。

（7）冻结功能：包括定时冻结、瞬时冻结、日冻结、约定冻结和整点冻结五类。定时冻结功能可按照约定的时刻及时间间隔冻结电能量数据。瞬时冻结指在非正常情况下，冻结当前的日历、时间、所有电能量和重要测量量的数据。日冻结要求存储每天零点时刻的电能量。约定冻结应在新旧两套费率/时段转换、阶梯电价转换或电力公司认为有特殊需要时，冻结转换时刻的电能量以及其他重要数据。整点冻结要求存储整点时刻或半点时刻的有功总电能。

（8）事件记录功能：包括：

1）记录各相失电压的总次数，失电压发生时刻、结束时刻及对应的电能量数据等信息。

2）记录各相断相的总次数，断相发生时刻、结束时刻及对应的电能量数据等信息。

3）记录各相失电流的总次数，失电流发生时刻、结束时刻及对应的电能量数据等信息。

4）记录全失电压发生时刻、结束时刻及对应的电流值；全失电压后程序不应紊乱，所有数据都不应丢失；电压恢复后，电能表应正常工作。

5）记录电压（流）逆相序的总次数、发生时刻、结束时刻及其对应的电能量数据。

6）记录掉电的总次数，以及掉电发生和结束的时刻。

7）记录需量清零的总次数，以及需量清零的时刻和操作者代码。

8）记录编程总次数，以及编程的时刻、操作者代码和编程项的数据标识。

9）记录校时总次数（不包含广播校时），以及校时的时刻和操作者代码。

10）记录各相过负荷总次数、总时间以及过负荷的持续时间。

11）记录开表盖总次数，开表盖事件的发生、结束时刻。

12）记录开端钮盖总次数，开端钮盖事件的发生、结束时刻。

13）永久记录电能表清零事件的发生时刻及清零时的电能量数据。

14）记录远程控制拉、合闸事件，记录拉、合闸事件发生时刻和电能量等数据。

15）支持失电压、断相、开表盖、开端钮盖等重要事件记录主动上报。

（9）通信功能：通信信道物理层必须独立，任意一条通信信道的损坏都不得影响其他信道正常工作；当有重要事件发生时，宜支持主动上报；电能表低层通信协议遵循 DL/T 645—2007《多功能电能表通信协议》及其备案文件。其中：

1）RS485 通信接口必须和电能表内部电路实行电气隔离，并有失效保护电路；RS485 接口应满足 DL/T 645—2007 电气要求，通信速率可设置，且默认值为 2400bit/s。

2）应具备调制型或接触式红外接口；红外接口的电气和力学性能应满足 DL/T 645—2007 的要求；调制型红外接口默认的通信速率为 1200bit/s。

3）电能表可配置窄带或宽带载波模块。如采用外置即插即用型载波通信模块的电能表，载波通信接口应有失效保护电路；在载波通信时，电能表的计量性能、存储的数据和参数不应受到影响和改变。

4）电能表的公网无线通信组件应采用模块化设计；更换或去掉通信模块后，电能表自身的性能、运行参数以及正常计量不应受到影响；更换通信网络时，应只需更换通信模块和软件配置，而不应更换整只电能表；当有重要事件发生时，应主动上报主站；应能将主站命令转发给所连接的其他智能装置，以及将其他智能装置的返回信息传送给主站的功能；支持传输控制协议（Transmission Control Protocol，TCP）与用户数据包协议（User Datagram Protocol，UDP）两种通信方式，通信方式由主站设定，默认为 TCP 方式；支持"永久在线"、"被动激活"两种工作模式，工作模式可由主站设定。

（10）信号输出功能：

1）应具备与所计量的电能量（有功/无功）成正比的光脉冲输出和电脉冲输出；光脉冲输出脉冲宽度：（80 ± 20）ms；电脉冲输出应有电气隔离，并能从正面采集。

2）通过多功能信号输出端子可输出时间信号、需量周期信号或时段投切信号；三种信号通过软件设置和转换；时间信号为秒信号；需量周期信号、时段投切信号为（80 ± 20）ms的脉冲信号。

3）电能表可输出电脉冲或电平开关信号，控制外部报警装置或负荷开关。

（11）显示功能：

1）具备自动循环和按键两种显示方式。自动循环显示时间间隔可在 5 ~ 20s 内设置；按键显示时，LCD 应启动背光，带电时无操作 60s 后自动关闭背光。

2）显示内容分为数值、代码和符号三种。

3）电能表可显示电能量、需量、电压、电流、功率、时间、剩余金额等各类数值，数值显示位数不少于 8 位，显示小数位可以设置。

4）显示符号包括功率方向、费率、象限、编程状态、相线、电池欠电压、故障（如失电压、断相、逆相序）等标志。

5）显示代码包括显示内容编码和出错代码；电能表如果发生出错故障，显示器应立即停留在该代码上。

6）显示内容可通过编程进行设置。

7）应具有停电后唤醒显示的功能。

（12）测量功能：可测量总的及各分相的有功功率、无功功率、功率因数、分相电压、分相（含零线）电流、频率等运行参数。

（13）安全保护功能：电能表应具备编程开关和编程密码双重防护措施，以防止非授权人进行编程操作。

（14）费控功能：费控功能的实现分为本地和远程两种方式。本地方式通过 CPU 卡、射频卡等固态介质实现，远程方式通过公网、载波等虚拟介质和远程售电系统实现。要求当剩余金额小于或等于设定的报警金额时，电能表应能以声、光或其他方式提醒用户；透支金额应实时记录，当透支金额低于设定的透支门限金额时，电能表应发出断电信号，控制负荷开关中断供电；当电能表接收到有效的续交电费信息后，应首先扣除透支金额，当剩余金额大于设定值（默认为零）时，方可通过远程或本地方式使电能表处于允许合闸状态，由人工本地恢复供电。当使用非指定介质或进行非法操作时，电能表应能进行有效防护；在非指定介质或非法操作撤销后，电能表应能正常工作且数据不丢失。

（15）负荷记录功能：可以按照 DL/T 645—2007 定义的"电压、电流、频率"、"有、无功功率"、"功率因数"、"有、无功总电能"、"四象限无功总电能"、"当前需量"六类数据，对这六类数据项任意组合。负荷记录间隔时间可以在 1～60min 范围内设置；每类负荷记录的间隔时间可以相同，也可以不同。

（16）阶梯电价功能：具有两套阶梯电价，并可在设置时间点启用另一套阶梯电价计费。

（17）停电抄表功能：在停电状态下，可通过按键或非接触方式唤醒电能表抄读数据，唤醒后可通过红外通信方式抄读表内数据。

（18）报警功能：报警事件包括失电压、失电流、逆相序、过载、功率反向（双向表除外）、电池欠电压等；应有发光或声音报警输出。

（19）辅助电源功能：电能表可配置辅助电源接线端子，辅助电源供电电压为 100～240V，交、直流自适应；具备辅助电源的电能表，应以辅助电源供电优先；线路和辅助电源两种供电方式应能实现无间断自动转换。

（20）安全认证功能：通过固态介质或虚拟介质对电能表进行参数设置、预存电费、信息返写和下发远程控制命令操作时，需通过严格的密码验证或 ESAM 等安全认证，以确保数据传输安全可靠。

2.5.6 智能电能表为电力公司和用户提供的功能

在 AMI 体系中，智能电能表是以用户入口的形式存在于系统中的。

1. 电力公司利用智能电能表可实现的功能

（1）实现用电信息的自动采集，采集的信息包括双向有功电能、四象限无功电能、视在电能、功率因数、总有功功率、分相有功功率、分相电压、分相电流、谐波信息、变压器损耗等。

（2）把新的费率方案、电价下载到电能表中。

（3）把对用户的最大需量要求以及需量周期下载到电能表中。

（4）对用户用电实行分时计价、阶梯计价。

（5）对用户负荷进行控制。

（6）对电能表内部时钟进行校时。

（7）自动记录失电压、失电流、断相、掉电、电压逆相序、电能表清零、拉合闸、开表盖、开端钮盒盖、编程等事件。

（8）按照约定的时间间隔对电压、电流、频率、有功功率、无功功率、功率因数、有功总电能、无功总电能、四象限无功总电能、当前需量等测量数据进行记录。

（9）为用户提供本地或远程购电功能。

（10）通过多种有效的保密措施，保障重要数据、信息的安全。

（11）根据不同的用电异常情况，向用户发出提示信号或信息。

（12）接受远程指令，发送约定的数据、信息。

2. 用户利用智能电能表可实现的功能

（1）在紧急状态下收到提示信号。

（2）按照表计的准确度等级，对有功、无功、视在电能进行计量。

（3）对接入可再生能源的用户，提供电能的双向计量。

（4）按照分时电价、阶梯电价、最大需量进行电能计量。

（5）利用交互显示终端或用户信息系统完成电费支付或电量预购。

1）在交互显示终端或用户数据库系统的支持下，用户可以获取下述的信息服务：

①查询实时电价、历史账单记录、剩余金额/电量。

②查看负荷曲线。

③查看电能质量。

④室内空气质量提示。

⑤温室气体排放信息等。

⑥查询水、热力、燃气等能源消耗信息。

⑦家庭安全防范的实时信息/图像。

2）在主站数据库系统的支持下，用户还可以享有进一步的服务，包括：

①获得节能减排、合理用电咨询服务。

②获得治理谐波等电磁污染问题的咨询建议。

③了解安全用电常识。

④了解家用电器的维护保养常识。

⑤接受培训教育。

⑥获取链接的其他服务信息，例如天气预报、火车时刻、航班信息等。

作为智能电能表的一部分，各种信息、数据的显示既可以在智能电能表本体的显示器上显示，也可以将显示功能配置在交互显示终端，此时的电能表更像一款分体设备，而用户则可以不受电能表安装位置的限制，方便、清晰地阅读、处理各种信息。

无论是居民用户还是非居民用户，作为用户入口，智能电能表只能对该户的入户总线用电信息进行采集。当用户局域网中仍有许多对象（包括设备、不同的部门）需要对其用电情况进行管理时，用户局域网内需要配置专用的信息采集设备。

2.5.7　智能电能表展望

我国智能电网进入全面建设阶段，对智能电能表产生了巨大市场需求。预计到 2015 年全国共约有 4.51 亿户家庭，如每户都需安装智能电能表，到 2015 年全国累计需安装 5.11 亿只智能电能表，其中更换需求为 0.59 亿只。2011 年，国家电网公司经营区域大约有 3.4 亿户家庭。如全覆盖，国家电网公司至 2015 年需累计招标 4.2 亿只智能电能表。其中，城市家庭需安装 1.89 亿只智能电能表，农村家庭需安装 2.31 亿只智能电能表。

全球著名市场研究机构派克咨询公司曾预测，到 2020 年，我国将成为驱动亚洲智能电能表市场迅猛崛起的中坚力量。到 2020 年，两大电网公司将招标智能电能表 7.9 亿只，按每只平均 175 元计算，我国智能电能表有超千亿元市场容量。中国将成为全球最大智能电能表消费市场。到 2020 年智能电网将覆盖全世界 80% 的人口。

习　题　2

2-1　电能表有哪些分类方法？按相数及接线方式不同，电能表分为哪几种？

2-2　型号为"DTZY-1296"、"DSZ-188"的电能表分别是什么电能表？分别采用何种通信信道？

2-3　某电能表铭牌部分内容见表题 2-1。请说明：①该电能表的参比电压、参比电流、最大电流分别是多少？②有功电能表常数是多少？③有功电能表的准确度等级是多少？

表题 2-1 题 2-3 表

3 × 100V	3 × 1.5(6) A	50Hz	□
20000 imp/kW·h ⓪⑤③	20000 imp/kvar·h ②		2011 年

2-4 电能表常数的物理意义是什么？

2-5 感应式电能表的测量机构是由哪几部分组成的？

2-6 简述感应式电能表的工作原理。

2-7 电子式电能表是由哪几部分组成的？请画出电子式电能表的基本结构框图。

2-8 智能电能表的"智能"体现在什么地方？

2-9 单相智能电能表 LCD 显示界面的下述各图形、符号分别表达什么含义：①、②、◄••、☒、☏、√、
🚂、🔒、① ~ ④、尖、峰、平、谷、⚠、⚠。

2-10 国家电网公司的智能电能表企业标准中设计了哪些功能？

2-11 电力公司利用智能电能表可实现的功能有哪些？用户利用智能电能表可实现的功能有哪些？

第 3 章 电能计量用互感器

计量用互感器包括电压互感器和电流互感器，广泛应用于电力系统中大电流或高电压用户的电能计量。电流互感器将系统中的大电流按比例变换为小电流，电压互感器将系统中的高电压按比例变换为低电压，扩充了电能表的量程，将测量二次回路与高电压、大电流的一次回路电气隔离，以保证测量工作人员和仪表设备的安全。电流互感器的二次额定电流一般为 5A，用于 330kV 及以上电网时为 1A，电压互感器的二次额定线电压一般为 100V，这有利于仪表制造的标准化，有利于仪表的批量生产和成本降低。

本章重点讲述了电力系统中广泛采用的电磁式电流、电压互感器的主要技术参数、结构、工作原理、误差特性、接线方式及使用注意事项等，还介绍了电容式电压互感器、电子式电流互感器等。

3.1 电流互感器

3.1.1 电流互感器的分类和主要技术参数

1. 电流互感器的分类

电流互感器根据工作原理分为电磁式、光电式、电子式等，按照安装地点分为户内用和户外用，按照安装方式分为穿墙式、支持式、装入式，按照绝缘结构分为干式、固体浇注式、油浸式、瓷绝缘式和气体绝缘式等，按照一次绕组的匝数分为单匝式和多匝式等，按照铁心数目可分为单铁心式和多铁心式。

常见的分类是按匝数来分，主要有以下几种：

（1）单匝式电流互感器，优点是结构简单、尺寸小、成本低、价格便宜，通过短路电流时稳定性较高，缺点是当被测电流较小时准确度低。单匝式电流互感器一次绕组的额定电流等级一般有 50A、75A、100A、150A、200A、300A、500A、600A 等，超过 600A 时一定要采用多匝式。

（2）多匝式电流互感器，其一次绕组由穿过环形铁心的多匝绕组构成，由于一次绕组匝数较多，即使一次电流很小也能具有较高的准确度；但其构造比较复杂，而且不能制成母线型的电流互感器。多匝式电流互感器的铁心也可制成两个或两个以上，每个铁心都有自己单独的二次绕组，一次绕组为两个铁心共用，可在不改变电流互感器的尺寸且造价增加不多的情况下得到两个电流互感器的电流比，而两个铁心的二次绕组互不影响。因为在改变一个二次绕组的负载时，一次电流值并不改变，故对第二个铁心没有影响。

（3）多抽头式电流互感器，结构特点是：一个一次绕组，二次绕组按各种电流比进行抽头，以达到多电流比。K_1 端子不变，对应 K_2 抽头电流比为 100A/5A；对应 K_3 抽头电流比为 200A/5A；对应 K_4 抽头电流比为 300A/5A。多抽头式电流互感器是一种特殊的电流互感器，当客户的电流大幅度地增加或减小时，它可以使客户不用更换电流互感器，只需改变抽头位置即可。但是，供电公司要根据客户实际使用的抽头对应电流比，随时核对、调整计算客户用电量的电流互感器的电流比的大小。

2. 电流互感器的主要技术参数

电流互感器的铭牌上应标有型号、额定电压、一次和二次额定电流、准确度等级、二次绕组额定容量、安装方式、绝缘方式等主要技术参数。

（1）电流互感器的型号。

目前，国产电流互感器的型号含义如图 3-1 所示。

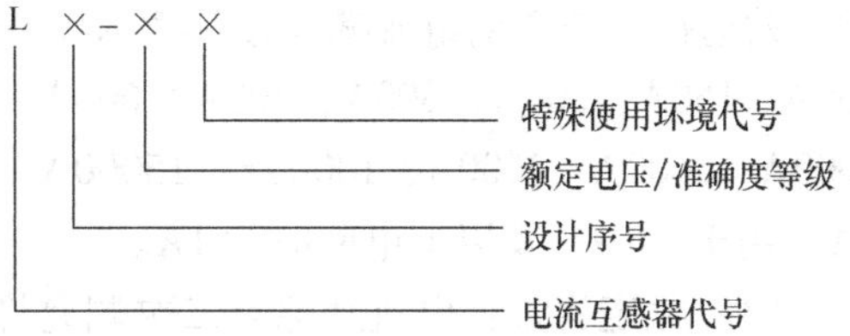

L 是电流互感器代号。

设计序号用不同的字母分别表示其主要结构型式、绝缘类别和用途，见表 3-1。

L ×－× ×
特殊使用环境代号
额定电压/准确度等级
设计序号
电流互感器代号

图 3-1　电流互感器的型号含义

表 3-1　国产电流互感器型号设计序号中字母含义

第一个字母 （一次绕组型式代号）		第二个字母 （绝缘型式）		第三个字母 （结构型式或用途）	
字母	含义	字母	含义	字母	含义
A	穿墙式	C	瓷绝缘	B	过电流保护
B	支持式	G	改进式	D	差动保护
C	瓷箱式	J	树脂浇注	J	加大容量
D	单匝贯穿式	K	塑料外壳	Q	加强式
F	多匝式	L	电缆电容式		
J	接地保护	P	中频		
M	母线式	Q	气体绝缘式		
Q	线圈式	S	速饱和		
R	装入式	W	户外式		
V	结构倒置式	Z	环氧树脂浇注式		
W	抗污秽				
Y	低压型				
Z	支柱式				

额定电压/准确度等级，额定电压以 kV 为单位，表示一次绕组对地或与二次绕组之间能够承受的最大工频电压有效值，应不低于所接线路的额定电压。电流互感器的额定电压表明一次绕组的绝缘强度，与额定容量无关。额定电压有 10kV、35kV、110kV、220kV、330kV、500kV 等。低压电流互感器型号的这个部分表示的是准确度等级。

特殊使用环境代号，如 GH—高海拔地区使用，TH—湿热地区使用。

常用的有户内低压 500V 的 LMZJ-0.5 型母线式加大容量浇注绝缘 TA（又称为穿心式电流互感器，它不含固定的一次绕组，穿过铁心的母线就是一次绕组），户内高压 10kV 的 LQJ

－10型线圈式浇注绝缘 TA（它有两个铁心和两个二次绕组）。

（2）额定电流比：一次额定电流与二次额定电流之比，有时简称电流比，一般用不约分的分数形式表示，例如 100A/5A、150A/5A、200A/5A 等。额定电流是指互感器在这个电流下可以长期运行而不会因发热而损坏。当负载电流超过额定电流时为过负载，互感器长期过负载运行会烧坏绕组或减少使用寿命。电流互感器的一次额定电流一般为：50A、75A、100A、150A、200A、300A、400A、600A、750A、800A、1000A、1500A、2000A、3000A、4000A、5000A、7500A、10000A、15000A、25000A 等。电流互感器的二次额定电流一般为5A，用于 330kV 及以上电网时为 1A。

（3）额定容量：电流互感器二次侧允许接入的视在功率，是二次额定电流通过二次额定负载时所消耗的视在功率，一般有 2.5、5、10、15、20、30、60VA 等。计量专用的电流互感器额定二次负荷容量一般取 40VA 及以下。额定容量也常用二次额定阻抗（Ω）来表示，二次额定阻抗是在保证准确度等级的条件下，允许电流互感器二次回路所串接仪表、导线等的总阻抗值 Z_{2N}。额定容量的计算公式是

$$S_{2N} = I_{2N}^2 Z_{2N}$$

电流互感器二次侧串接的负载越多，视在功率越大，尽管二次电流不取决于二次负荷的大小，二次负荷也不能无限增加，否则电流互感器有被烧毁的可能。电流互感器的二次额定电流一般为 5A，所以有 $S_{2N} = 25Z_{2N}$。

（4）准确度等级：在规定的二次负荷范围内，一次电流为额定值时电流互感器的最大允许误差，用相对误差表示，即

$$\Delta I\% = \frac{K_I I_2 - I_{1N}}{I_{1N}} \times 100\%$$

国产电流互感器的准确度等级有 0.01、0.02、0.05、0.1、0.2、0.5、1.0、3.0、5.0 等，宽量限的 S 级电流互感器准确度等级有 0.2S 级和 0.5S 级。准确度 0.1 级及以上的为标准互感器，用于实验室和标准仪器；准确度 0.2、0.5 级的用于现场电能计量，准确度 1.0 级及以下的用于监测电压、电流、功率因数及继电保护装置。S 级电流互感器能在 5A 的 1%～120% 即 50mA～6A 之间的任一电流下准确测量，比普通等级的电流互感器负载范围更宽。

3.1.2　电流互感器的结构和工作原理

目前电力系统中广泛使用的是利用电磁感应原理制成的电磁式互感器，其基本结构与普通变压器形似，但在工作特性和性能要求上有较大区别。

1. 电流互感器的结构

图 3-2 所示为电磁式电流互感器的原理结构图和电气符号图。电流互感器的基本结构由闭合铁心及两个绕制在闭合铁心上的彼此绝缘的绕组组成，一次绕组匝数 N_1 很少，串联在被测电路中，二次绕组匝数 N_2 较多，与各种仪表或继电器的电流线圈串联形成二次电流回路。在工作时，电流互感器的二次回路始终是闭合的，而测量仪表电流线圈的阻抗很小，因此电流互感器的二次侧接近于短路状态。电流互感器在电气图中的文字符号为 TA。

2. 电流互感器的工作原理

电流互感器的工作原理与普通变压器的工作原理基本相同。当一次绕组中通过电流 $\dot{I}_1$

时，一次绕组磁动势 $\dot{I}_1 N_1$ 产生的交变磁通 $\dot{\Phi}_1$ 绝大部分通过铁心闭合，且在二次绕组中感应出电动势 $\dot{E}_2$。当二次绕组接有负载时，二次绕组中通过电流 $\dot{I}_2$，二次绕组磁动势 $\dot{I}_2 N_2$ 产生磁通 $\dot{\Phi}_2$，其绝大部分也通过铁心闭合。因此铁心中的磁通是由一、二次绕组磁动势共同产生的合成磁通，称为主磁通 $\dot{\Phi}$。根据磁动势平衡原理可以得到

$$\dot{I}_1 N_1 + \dot{I}_2 N_2 = \dot{I}_{10} N_1 \qquad (3\text{-}1)$$

式中，$\dot{I}_{10} N_1$ 为励磁磁动势。

理想的电流互感器忽略了铁心中的能量损耗，认为 $\dot{I}_{10} N_1 \approx 0$，则有 $\dot{I}_1 N_1 + \dot{I}_2 N_2 = 0$，即

$$\dot{I}_1 N_1 = -\dot{I}_2 N_2 \qquad (3\text{-}2)$$

一次磁动势安匝等于二次磁动势安匝，相位反相，此时误差为零，一次绕组能量全部传递到二次绕组。进一步简化式 (3-2)，得

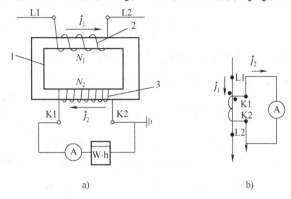

图 3-2　电流互感器的原理
结构图和电气符号图
a）原理结构图　b）电气符号图
1—铁心　2——次绕组　3—二次绕组

$$K_I = \frac{I_1}{I_2} = \frac{N_2}{N_1} \qquad (3\text{-}3)$$

因此，理想电流互感器两侧的额定电流大小和它们的绕组匝数成反比，并且等于常数 K_I，称为额定电流比。

正常运行时的电流互感器与普通变压器有着显著的区别。电流互感器可以看成是二次侧近乎短路状况下的变压器，其一次电流与二次负载无关，取决于一次回路，二次回路消耗的功率随着二次负载阻抗的增加而增加。

3.1.3　电流互感器的误差特性

1. 电流互感器误差存在的原因

理想电流互感器实际上是不存在的，因为电流互感器正常工作时，铁心的磁化必须由励磁电流 $\dot{I}_{10}$ 实现，励磁磁动势 $\dot{I}_{10} N_1$ 不能为零，因此二次磁动势不等于一次磁动势，在铁心和绕组中存在损耗。一次绕组的能量需要一部分用于磁化铁心，另一部分通过电磁感应定律传递到二次绕组，所以电流互感器误差从原理上来讲就是必然存在的。励磁电流 $\dot{I}_{10}$ 是电流互感器产生误差的主要原因。

为了减小误差，要求励磁电流越小越好，通常电流互感器铁心材料选用高磁导率的优质硅钢片，为了减小涡流损耗，硅钢片之间彼此绝缘，使得电流互感器的磁通密度较低，在 $0.08 \sim 0.1\mathrm{T}$ 范围内。实验室用的高准确度等级的电流互感器则采用高磁导率、低损耗的坡莫合金制成环形铁心。

2. 电流互感器的比差和角差

图 3-3 所示为电流互感器的简化相量图，二次磁动势 $\dot{I}_2 N_2$ 反相 $180°$（$-\dot{I}_2 N_2$）与一次磁动势 $\dot{I}_1 N_1$ 相比较，两者大小不等，相位不同，即存在着两种误差：比值误差和相角误差。

比值误差是 $-\dot{I}_2N_2$ 与 $\dot{I}_1N_1$ 两个相量量值大小的误差，简称比差 f_I，是电流互感器的一个重要技术参数，用公式表示为

$$f_I = \frac{I_2N_2 - I_1N_1}{I_1N_1} \times 100\% = \frac{I_2K_I - I_1}{I_1} \times 100\% = \frac{K_I - K_I'}{K_I'} \times 100\% \tag{3-4}$$

式中，I_1 为实际一次电流有效值；I_2 为实际二次电流有效值；K_I' 为实际电流比，K_I'

$= \dfrac{I_1}{I_2}$；K_I 为额定电流比，$K_I = \dfrac{N_2}{N_1}$。

因此，实际的二次电流 I_2 乘以额定电流比 K_I 后，如果大于一次电流 I_1，比差 f_I 为正值。反之，则为负值。比差 f_I 一般为负值。

相角误差 δ_I 是 $-\dot{I}_2N_2$ 与 $\dot{I}_1N_1$ 两个相量

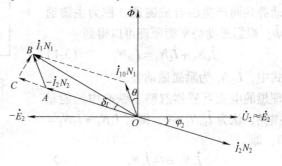

图 3-3　电流互感器的简化相量图

之间的相位差，也即旋转 180° 后的二次电流相量与一次电流相量之间的相位差，简称角差。$-\dot{I}_2N_2$ 超前 $\dot{I}_1N_1$，角差为正值，反之，角差为负值。角差通常用 "'"（分）为计算单位。

从图 3-3 所示电流互感器的简化相量图可求得比差与角差的公式，因为通常 δ_I 很小，可以认为 $OB = OC = I_1N_1$，则有

$$AC = AB \times \cos\left[90° - (\theta + \varphi_2)\right] = I_{10}N_1\sin(\theta + \varphi_2)$$

所以

$$f_I = \frac{I_2N_2 - I_1N_1}{I_1N_1} \times 100\% = \frac{OA - OC}{OB} = \frac{-AC}{OB} = \frac{-I_{10}N_1\sin(\theta + \varphi_2)}{I_1N_1}$$

$$= -\frac{I_{10}}{I_1}\sin(\theta + \varphi_2) \tag{3-5}$$

因为 δ_I 很小，所以可认为 $\sin\delta_I \approx \delta_I$，则有

$$\delta_I = \frac{BC}{OB} = \frac{AB \times \sin\left[90° - (\theta + \varphi_2)\right]}{OB} = \frac{I_{10}N_1\cos(\theta + \varphi_2)}{I_1N_1} = \frac{I_{10}}{I_1}\cos(\theta + \varphi_2)$$

因为角差一般以分为单位，因此需进行弧度与分的单位换算，即

$$1\,\mathrm{rad} = \frac{360 \times 60'}{2\pi} = 3438'$$

则有

$$\delta_I = \frac{I_{10}}{I_1}\cos(\theta + \varphi_2) \times 3438' \tag{3-6}$$

由式（3-5）和式（3-6）可知：电流互感器的比差和角差不仅与励磁电流 I_{10} 有关，还与实际的一次电流、负载功率因数 $\cos\varphi_2$ 及损耗角 θ 相关。

计量用电流互感器的误差限值见表3-2。

表 3-2　电流互感器的误差限值

准确度等级	一次电流为额定电流的百分数（%）	误差极限		二次负载为额定负载的百分数（%）
		比差（%）	角差（′）	
0.01	10～120	±0.01	±0.3	25～100
0.02	10～120	±0.02	±0.6	25～100
0.05	10～120	±0.05	±2	25～100
0.1	10	±0.25	±10	25～100
	20	±0.2	±8	
	100～120	±0.1	±5	
0.2	10	±0.5	±20	25～100
	20	±0.35	±15	
	100～120	±0.2	±10	
0.5	10	±1.0	±60	25～100
	20	±0.75	±45	
	100～120	±0.5	±30	
1.0	10	±2.0	±120	25～100
	20	±1.5	±90	
	100～120	±1.0	±60	
3.0	50～120	±3	不规定	50～100
10	50～120	±10	不规定	50～100

实际工作中，电流互感器的误差还要受到工作条件的影响。

（1）一次电流的影响。

由式（3-5）和式（3-6）可知，比差和角差均与实际的一次电流大小成反比，一次实际电流越小，比差、角差的绝对值越大。当电流互感器的电流比选择过大使得一次电流在其额定电流20%以下时，电流互感器处于严重的欠载状况，当低于其5%时，硅钢片磁化曲线的非线性影响使得铁心的初始磁通密度 B 和磁导率 μ 都较小，导致出现较大的负误差；当电流互感器的电流比选择过小使得励磁电流在其额定电流的120%以上工作时，由于励磁电流较大，铁心出现磁饱和，也会导致出现严重的负误差。因此，要选择合适电流比的电流互感器。

（2）二次负载阻抗 Z_2 的影响。

二次负载阻抗增加时，比差向负方向增大，角差向正方向增大；电流互感器所带负载一定不能超过其额定二次负载阻抗 Z_{2N}。因此接线时，电流互感器二次回路中只允许串接有功、无功电能表的电流线圈，不允许再串接其他监视仪表。为了减小二次连线的总阻抗，要求电流互感器二次连线须用单芯铜线，不能过长过细，截面积不小于 $4mm^2$，所有接线的连接端头要接触可靠，并去除氧化层。

二次负载功率因数角 φ_2 增大时，功率因数 $\cos\varphi_2$ 减小，由式（3-5）和式（3-6）可知，比差增大，角差减小。

另外，由于电流互感器绕组的漏抗不大，频率改变对电流互感器误差的影响不大。

3.1.4　电流互感器的接线方式

DL/T 448—2000《电能计量装置技术管理规程》要求：低压供电，负荷电流为50A及以下时，宜采用直接接入式电能表；负荷电流为50A以上时，宜采用经电流互感器接入式的接线方式。对三相三线制接线的电能计量装置，其2台电流互感器二次绕组与电能表之间宜采用四线连接。对三相四线制连接的电能计量装置，其3台电流互感器二次绕组与电能表之间宜采用六线连接。

DL/T 825—2002《电能计量装置安装接线规则》要求"所有计费用电流互感器的二次接线应采用分相接线方式。非计费用电流互感器可以采用星形（或不完全星形）接线方式（简化接线方式）。"这比DL/T 448—2000《电能计量装置技术管理规程》要求严格一些，DL/T 448—2000《电能计量装置技术管理规程》推荐电流互感器采用分相接线，DL/T 825—2002《电能计量装置安装接线规则》强制要求计费用互感器采用分相接线。

下文分别介绍分相接线方式和简化接线方式。

1. 分相接线方式

图3-4所示为电流互感器的分相接线方式图。分相接线即各相分别连接，这种接线方式同时适用于三相三线制电路和三相四线制电路，对三相负荷不平衡电路，也能如实反映原边电流大小。分相接线法虽然使用导线较多，但错误接线种类和几率都较采用简化接线时低，检查接线较容易，并便于互感器的现场校验，且也便于在不停电状态下改正错误接线，为计量装置的正常维护奠定了良好的基础。图3-4a为三相三线制电路中采用两台电流互感器的分相四线连接方式的接线图。A相电流互感器二次回路流过的电流是 $\dot{I}_a$，C相电流互感器二次回路流过的电流是 $\dot{I}_c$。图3-4b为三相四线制电路中采用三台电流互感器的分相六线连接方式的接线图。A、B、C每相接一台电流互感器，电流二次回路的电流分别为 $\dot{I}_a$、$\dot{I}_b$、$\dot{I}_c$。

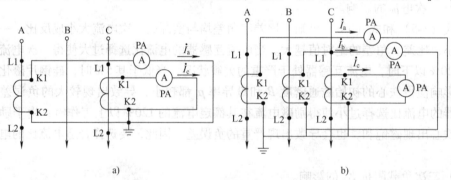

图3-4　电流互感器的分相接线方式图
a）两相分相接线　b）三相分相接线

2. 简化接线方式

图3-5所示为电流互感器的简化接线方式，图3-5a为三相三线制电路中采用两台电流互感器的简化三线连接方式的接线图，称为两相星形（V）接线或不完全星形。A相和C相各接一台电流互感器，A相电流二次回路流过的电流是 $\dot{I}_a$，C相电流二次回路流过的电流是 $\dot{I}_c$，根据三相三线制电路中有 $\dot{I}_a + \dot{I}_b + \dot{I}_c = 0$，可知公共导线流过的电流是 $\dot{I}_b$。$\dot{I}_b$ 在公共导线

电阻上产生电压降，与 A 相和 C 相电流互感器原有的二次负荷电压降相叠加，使 A 相和 C 相电流互感器实际二次负荷总量和功率因数发生很大变化，使得实际计量误差与实验室检定结果有较大的差别，引入了计量附加误差。所以，不推荐采用简化三线连接方式。图 3-5b 为三相四线制电路采用三台电流互感器的四线连接方式的接线图，称为三相星形（Y）联结或完全星形联结。A、B、C 每相接一台电流互感器，电流二次回路的电流分别为 $\dot{i}_a$、$\dot{i}_b$、$\dot{i}_c$，公共线上流过中性线电流 $\dot{i}_n$。这种接线方法不允许断开公共接线，否则会影响计量准确度。

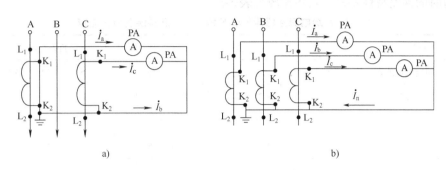

图 3-5　电流互感器简化接线方式图

a）两相星形（V）接线　b）三相星形（Y）接线

3.1.5　电流互感器的选择及使用注意事项

1. 电流互感器的选择

电流互流器应根据以下几个参数正确选择：

（1）额定电压的选择。

电流互感器依据安装处的工作电压 U_X 来选择额定电压 U_N，须满足：

$$U_X \leqslant U_N$$

（2）额定一次电流与电流比的选择。

DL/T 448—2000《电能计量装置技术管理规程》规定，电流互感器额定一次电流的确定，应保证其在正常运行中的实际负荷电流达到额定值的 60% 左右，至少应不小于 30%。否则应选用高动热稳定电流互感器以减小电流比。经电流互感器接入的电能表，其标定电流宜不超过电流互感器额定二次电流的 30%，其额定最大电流应为电流互感器额定二次电流的 120% 左右。直接接入式电能表的标定电流应按正常运行负荷电流的 30% 左右进行选择。

　　为保证计量的准确性，应按电流互感器长期最大的一次工作电流 I_1 选择其一次额定电流 I_{1N}，并应尽可能使其工作在一次额定电流的 60% 左右，至少不得低于 30%，S 级电流互感器可放宽至 20%。当实际负荷电流小于 30% 时，应采用二次绕组具有抽头的多电流比电流互感器或 0.5S、0.2S 级电流互感器。电流互感器的额定二次电流一般为 5A。

　　如电流互感器的额定电流比选择过大，当工作电流在其额定电流的 20% 以下时，互感器处于严重的欠载状况，当低于其 5% 时会出现较大的负误差；如果电流互感器的倍率选择过小，当励磁电流在其额定电流的 120% 以上工作时，由于励磁电流较大，铁心出现磁饱和，导致出现严重的负误差。磁饱和比严重欠载引起的电量损失要大得多，一般两者发生矛盾时，要防止磁饱和，选择电流互感器的电流比宁大勿小。

（3）准确度等级的选择。

电能计量装置按其所计量的电量不同和计量对象的重要程度分为五类（Ⅰ、Ⅱ、Ⅲ、Ⅳ、Ⅴ）进行管理。DL/T 448—2000《电能计量装置技术管理规程》规定，各类电能计量装置应配置的电能表、互感器的准确度等级不应低于表1-1所示值。从表1-1可以看出，Ⅰ~Ⅴ类用户，配置的电能表和互感器的准确度等级逐渐递减。

在电能计量装置中广泛应用S级电流互感器。与普通电流互感器相比，S级电流互感器在低负荷时的误差特性要好，具体比较见表3-3。

表3-3　S级电流互感器与非S级电流互感器误差特性比较

准确度等级	比差（%）					角差/（′）				
一次电流为额定电流的百分数（%）	1	5	20	100	120	1	5	20	100	120
0.2		0.75	0.35	0.2	0.2		30	15	10	10
0.2S	0.75	0.35	0.2	0.2	0.2	30	15	10	10	10
0.5			1.5	0.75	0.5	0.5		90	45	30	30
0.5S	1.5	0.75	0.5	0.5	0.5	90	45	30	30	30

实践证明，对于电力负荷变动较大的用户，为了保证电能计量的准确性，要求电能计量装置具有更宽的准确计量范围，配置宽量限的S级互感器和宽负载的S级电能表。

（4）额定容量的选择与计算。

电流互感器接入的二次负载超过额定值或者较小都会影响误差，不能保证计量的准确性。DL/T 448—2000《电能计量装置技术管理规程》规定，互感器实际二次负荷应在25%~100%额定二次负荷范围内；电流互感器额定二次负荷的功率因数应为0.8~1.0。所以计量用电压互感器额定二次负荷的额定功率因数应与实际二次负荷的功率因数相接近，为0.8~1.0。接入电流互感器的二次负载容量S_2应满足

$$0.25S_{2N} \leqslant S_2 \leqslant S_{2N}$$

电流互感器二次额定电流一般为5A，$S_{2N} = I_{2N}^2 Z_{2N} = 25Z_{2N}$，所以为保证误差在给定的准确度等级范围内，二次负载阻抗Z_2应满足

$$0.25Z_{2N} \leqslant Z_2 \leqslant Z_{2N}$$

二次负载容量的计算取决于二次负载阻抗Z_2，Z_2包括表计阻抗Z_M、二次连接导线电阻R_L以及接头的接触电阻R_K（一般取$0.01~0.5\Omega$），即

$$Z_2 = Z_M + KR_L + R_K \tag{3-7}$$

式中，K为连接导线阻抗系数，由电流互感器的接线方式决定。

二次负载阻抗Z_2中Z_M、R_K是确定值，KR_L由导线的计算长度决定，而导线的计算长度又由测量仪表与电流互感器的实际距离L和电流互感器的接线方式决定。

电流互感器采用分相接线方式时，由于每台电流互感器二次回路是两线连接，导线电阻计算长度是测量仪表与电流互感器的实际距离L的两倍，连接导线阻抗系数$K=2$，即二次导线电气距离为$2L$，所以电流互感器二次负载阻抗Z_2为

$$Z_2 = Z_M + 2R_L + R_K \tag{3-8}$$

如图3-5所示，电流互感器采用两相星形（V）简化接线时，A相电流互感器的二次电

压为

$$\dot{U}_a = \dot{I}_a(Z_M + R_L + R_K) - \dot{I}_b R_L = \dot{I}_a Z_M + (\dot{I}_a - \dot{I}_b)R_L + \dot{I}_a R_K = \dot{I}_a Z_M + \sqrt{3}\dot{I}_a e^{j30°}R_L + \dot{I}_a R_K = \dot{I}_a Z_2$$

所以电流互感器二次负载阻抗为

$$Z_2 = \frac{\dot{U}_a}{\dot{I}_a} \approx Z_M + \sqrt{3}R_L + R_K \qquad (3\text{-}9)$$

其中连接导线阻抗系数 $K = \sqrt{3}$，由此可见，电流互感器采用 V 简化接线方式连接时，二次导线电阻变为 $\sqrt{3}R_L$，相当于导线的计算长度为 $\sqrt{3}L$，也即电气距离为 $\sqrt{3}L$。

如图 3-5 所示，电流互感器采用三相星形（Y）简化接线时，假设三相平衡，则公共导线上电流 $I_n = 0$，A 相电流互感器的二次电压为

$$\dot{U}_a = \dot{I}_a(Z_M + R_L + R_K) - \dot{I}_n R_L = \dot{I}_a(Z_M + R_L + R_K)$$

所以，电流互感器二次负载阻抗为

$$Z_2 = Z_M + R_L + R_K \qquad (3\text{-}10)$$

其中连接导线阻抗系数 $K = 1$。

（5）电流互感器二次回路导线截面积的计算与选择。

DL/T 448—2000《电能计量装置技术管理规程》规定，互感器二次回路的连接导线应采用铜质单芯绝缘线。对电流二次回路，连接导线截面积应按电流互感器的额定二次负荷计算确定，至少应不小于 4mm^2。

【例 3-1】　某电力用户进户线电流互感器额定容量为 20VA，电流比为 600A/5A，采用分相六线连接，其二次侧接电流表和电能表。其中 A 相和 C 相电流互感器各负担 8.5VA，B 相负担 4.9VA，互感器安装处距电能表为 40m，若二次导线采用铜导线，接触电阻为 0.1Ω，试确定其二次导线的截面积。（铜的电阻率为 $0.0175\Omega \cdot \text{mm}^2/\text{m}$）

解：根据题意，最大一相负载容量为 8.5VA，以此来选定二次导线截面积。电流互感器采用分相接线方式，有

$$S_2 = I_{2N}^2(Z_M + 2R_L + R_K) \leqslant S_{2N}$$
$$8.5 + 5^2(2R_L + 0.1) \leqslant 20$$
$$R_L \leqslant 0.18$$

允许二次导线的最大电阻为 0.18Ω，所以导线截面积为

$$S \geqslant \frac{\rho L}{0.18} = \frac{0.0175 \times 40}{0.18}\text{mm}^2 = 3.9\text{mm}^2$$

所以二次导线选用截面积为 4mm^2 的铜导线。

户外安装的高压电流互感器，当互感器至电能表距离较长时，宜采用二次额定电流为 1A 的电流互感器，以适应二次导线电阻较大的实际情况。

（6）电流互感器型式选择。

应根据安装地点和安装方式选择电流互感器型式，确定其是户内还是户外，是穿墙式、装入式还是支持式。选用母线型电流互感器要注意核准窗口尺寸是否适合。

（7）互感器的二次回路规定。

为保证电能计量装置的安全、可靠、准确，对 35kV 以上线路供电的用户，应有电流互感器的专用二次绕组和电压互感器的专用二次回路，不得与继电保护的测量回路共用，并不

得装熔断器和开关。

2. 电流互感器的使用注意事项

为了达到安全和准确测量的目的，使用电流互感器必须注意以下事项：

（1）运行中的电流互感器二次回路严禁开路。

正常运行时，电流互感器二次回路接近短路状态。一旦二次回路开路，其阻抗无限大，二次电流 $\dot{I}_2$ 等于零，其磁动势 $\dot{I}_2 N_2$ 也等于零，根据磁动势平衡方程 $\dot{I}_1 N_1 + \dot{I}_2 N_2 = \dot{I}_{10} N_1$，有 $\dot{I}_1 N_1 = \dot{I}_{10} N_1$，一次电流全部作用于励磁，致使铁心磁通急剧增加，磁通密度由正常时的 $0.08 \sim 0.1\mathrm{T}$ 急剧增大到 $1.4 \sim 1.8\mathrm{T}$，在磁通迅速变化的瞬间，二次绕组上将感应出峰值高达数千伏的高压，严重威胁人身安全。此外，铁心严重饱和，铁心因强烈磁化产生剩磁，这就增加了测量的误差，而且铁心的铁损猛增会过热，甚至烧坏互感器铁心及绕组线圈的绝缘。

更换、校验仪表时，必须先短接电流互感器二次回路，严禁用铜丝缠绕，严禁在电流互感器到短路点之间的回路上进行任何工作。

（2）电流互感器二次侧应可靠接地。

为防止电流互感器一、二次绕组间的绝缘击穿，高压窜入二次回路造成人员伤亡或设备损坏，高压电流互感器二次侧应可靠接地，并且只允许有一个接地点，在端子箱内经端子接地。

在低压（220/380V）系统，由于电流互感器一、二次绕组的间隔对地绝缘强度要求不高，为减少电能表遭受雷击放电的几率，以及结合东北、华东电网配网系统实际运行经验，电流互感器二次回路不宜接地，固定支架应接地。

（3）电流互感器应按减极性连接。

为了确保正确接线，电流互感器的一、二次绕组均有极性标志，极性标志有加极性和减极性，电流互感器的极性，一般按减极性标注，即一次电流从同名端流入互感器时，二次电流从同名端流出互感器，这样的极性称为减极性。当使一次电流自 L1 端流向 L2 端时，二次电流自 K_1 端流出经外部回路回到 K_2 端，从电流互感器一次绕组和二次绕组来看，电流 $\dot{I}_1$、$\dot{I}_2$ 的方向是相反的，一、二次电流在铁心中产生的磁通方向相反。L_1 和 K_1、L_2 和 K_2 分别为同名端。同名端的定义是指同时在同名端输入或输出电流时在铁心中产生的磁场同向，相互增强。

电流互感器极性是否正确，实际上反映了二次回路中电流瞬时方向是否按应有的方向流动。如果极性接错，则二次回路中电流的瞬时值按反方向流动，将可能造成电能表计量错误。所以，应认真测量并明确标明电流互感器的极性。

（4）计量回路专用。

应避免继电保护和电能计量用的电流互感器并用，否则会因继电保护的要求而致使电流互感器的电流比选择过大，影响电能计量的准确度。对于计费用户，应设置专用的计量电流互感器或选用有计量绕组的电流互感器。

3.2　电压互感器

3.2.1　电压互感器的分类和主要技术参数

1. 电压互感器的分类

电压互感器按电压变换原理分为电磁感应式和电容分压式。电磁感应式多用于 220kV

及以下各种电压等级；电容分压式一般用于 110kV 以上的电力系统，在我国，电压大于 330kV 只生产电容式电压互感器。

电压互感器按相数分为单相式和三相式。35kV 及以上多为单相式。

电压互感器按安装地点分为户内型和户外型。35kV 及以下多制成户内型，35kV 以上则多制成户外型。

电压互感器按绝缘方式可分为干式、浇注式、油浸式和充气式。干式电压互感器结构简单、无着火和爆炸危险，但绝缘强度较低，只适用于 6kV 以下的户内式装置；浇注式电压互感器结构紧凑、维护方便，适用于 3～35kV 户内式配电装置；油浸式电压互感器绝缘性能较好，可用于 10kV 以上的户外式配电装置；充气式电压互感器用于 SF$_6$ 全封闭电器中。

电压互感器按绕组数目可分为双绕组和三绕组电压互感器。三绕组电压互感器除一次绕组和基本二次绕组外，还有一组辅助二次绕组，供接地保护用。

电压互感器按结构分为单级式（普通结构）和串级式。单级式电压互感器是一次绕组和二次绕组均绕在同一个铁心柱上，3～35kV 多制成单级式；串级式电压互感器是一次绕组分成匝数相同的几段，各段串联起来，一端连接高压电路，另一端接地。110kV 及以上电压等级的电压互感器才制成串级结构。

2. 电压互感器的主要技术参数

电压互感器的铭牌上应标有型号、电压等级、准确度、额定容量、额定电压比、绝缘方式、安装方式、户内或户外等主要技术参数。

（1）电压互感器的型号。

目前，国产电压互感器的型号含义如图 3-6 所示。J 是电压互感器代号。设计序号，不同字母表示其相数、绝缘类别、主要结构形式，见表 3-4。额定一次电压用数字表示，以 kV 为单位，是指可以长期加在一次绕组上的电压。特殊使用环境代号，

图 3-6　电压互感器型号示意图

如 GH—高海拔地区使用，TH—湿热地区使用，CY—船舶用，W—污秽地区用，AT—干热带地区用。

表 3-4　国产电压互感器型号设计序号中字母含义

第一个字母 (D/S/L)		第二个字母 (绝缘型式)		第三个字母 (结构型式)	
字母	含义	字母	含义	字母	含义
D	单相	C	瓷箱式	B	三柱心带补偿绕组式
S	三相三线	G	干式	C	串级式带备用电压绕组
L	串级式	J	油浸自冷式	J	接地保护式
		Q	气体绝缘式	Q	加强式
		Z	环氧树脂浇注式	X	带备用电压绕组
				W	五柱心每相三绕组式

例如 JDZJ-10 型电压互感器是单相接地保护式电压互感器，绝缘方式是环氧树脂浇注式，额定一次电压为 10kV。

（2）额定电压及额定电压比。

额定一次电压 U_{1N} 是指可以长期加在一次绕组上的电压，其值应与我国电力系统规定的"额定电压"系列相一致。

额定二次电压 U_{2N}，对于接在三相系统中相线与相线之间的单相电压互感器为 100V，对于接在三相系统相与地间的单相电压互感器，为 $100/\sqrt{3}$ V。

额定电压比 K_U 为额定一次电压与额定二次电压之比，一般用不约分的分数形式表示，即

$$K_U = \frac{U_{1N}}{U_{2N}} = \frac{N_1}{N_2}$$

例如 10kV/100V，110kV/100V，220kV/100V 等。

（3）额定容量。

电压互感器的额定容量指在功率因数为 0.8（滞后）时，满足某准确度等级二次绕组输出的额定视在功率，其标准值为 10VA、15VA、25VA、30VA、50VA、75VA、100VA、150VA、200VA、250VA、300VA、400VA、500VA 等。计量专用的电压互感器额定二次负荷容量一般为 50VA 及以下。额定容量的计算公式为

$$S_{2N} = \frac{U_{2N}^2}{Z_{2N}} = U_{2N}^2 Y_{2N}$$

对于三相式电压互感器，额定输出容量是指每相的额定输出。

（4）准确度等级。

在规定的使用条件下，电压互感器的误差应该在规定的限度内。电压互感器铭牌上一般标注多个准确度等级，因为电压互感器的误差与二次负载有关，因此制造厂家就按各种准确度级别给出了对应的使用额定容量，同时按长期发热条件给出了最大容量，最大容量不考虑精度。某台电压互感器铭牌标注的准确度见表 3-5。国产电压互感器的准确度等级有 0.01级、0.02 级、0.05 级、0.1 级、0.2 级、0.5 级、1.0 级、3.0 级、5.0 级等。用户电能计量装置通常采用 0.2 级和 0.5 级电压互感器。

表 3-5　某电压互感器铭牌标注的准确度

二次绕组额定容量/VA			最大容量/VA
0.5 级	1 级	3 级	
120	200	400	960

3.2.2　电压互感器的结构和工作原理

1. 电压互感器的结构

电磁式电压互感器与普通变压器类似，由铁心、一次绕组、二次绕组、接线端子和绝缘支持物等构成。电压互感器的结构和图形符号如图 3-7 所示，文字符号用字母 TV 表示。一次绕组匝数 N_1 多，线径细，与被测电压并联，二次绕组匝数 N_2 少，线径粗，与各种测量仪表或继电器的电压线圈相并联，这些电压线圈内阻很大，因此电压互感器是二次侧近乎空载状态的降压变压器，特点是容量很小且比较恒定。一次绕组匝数正常情况下，电压互感器二次侧三个线电压都是 100V。

2. 电压互感器的工作原理

电压互感器的工作原理与普通变压器类似，当一次绕组加上电压 $\dot{U}_1$ 时，铁心内产生交变磁通 $\dot{\Phi}$，从而在一、二次绕组分别产生感应电动势 $\dot{E}_1$ 和 $\dot{E}_2$，励磁电流和负载电流在绕组中的电压降为

$$u_1 = e_1 = -N_1 \frac{\mathrm{d}\Phi}{\mathrm{d}t},\ u_2 = e_2 = -N_2 \frac{\mathrm{d}\Phi}{\mathrm{d}t}$$

则

$$\frac{U_1}{U_2} = \frac{N_1}{N_2} = K_U$$

理想的电压互感器一次电压与二次电压比值等于一次绕组和二次绕组的匝数比，等于额定电压比。电压互感器 T 形等效电路和相量图如图 3-8 和图 3-9 所示。

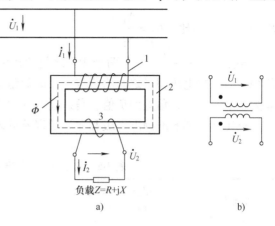

图 3-7　电压互感器的原理结构图和电气符号图
a）原理结构图　b）电气符号图

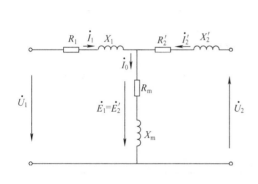

图 3-8　电压互感器 T 形等效电路

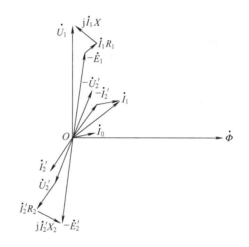

图 3-9　电压互感器相量图

3.2.3　电压互感器的误差特性

实际上，由于存在励磁电流和铁损、铜损，并且二次电流在绕组中有电压降，电压互感器有误差（比值误差和相角误差）。如图 3-9 所示，折算到一次侧的二次电压 $\dot{U}_2'$（$\dot{U}_2' = K_U \dot{U}_2$）反相 180° 以后（$-\dot{U}_2'$）与一次电压 $\dot{U}_1$ 相比较，两者大小不等，相位不同。

比值误差是 $-\dot{U}_2'$ 与 $\dot{U}_1$ 两个相量量值大小的误差，简称比差 f_U，是电压互感器的一个重要技术参数，用公式表示为

$$f_U = \frac{U_2' - U_1}{U_1} \times 100\% = \frac{K_U U_2 - U_1}{U_1} \times 100\% = \frac{\frac{N_1}{N_2} U_2 - U_1}{U_1} \times 100\% = \frac{K_U - K_U'}{K_U'} \times 100\%$$

式中，U_1 为实际一次电压有效值；U_2 为实际二次电压有效值；K_U' 为实际电压比，$K_U' = \dfrac{U_1}{U_2}$；

K_U 为额定电压比，$K_U = \dfrac{N_1}{N_2}$。

相角误差是 $-\dot{U}_2'$ 与 $\dot{U}_1$ 两个相量之间的相位差，简称角差 δ_U，也即旋转 $180°$ 后的二次电压相量与一次电压相量之间的相位差，简称角差。规定旋转后的二次电压超前一次电压，角差为正值，反之，角差为负值。角差通常用 "′"（分）为计算单位。

电压互感器的准确度等级和允许的误差见表 3-6。

表 3-6　电压互感器的准确度等级和允许的误差

准确度等级	一次电压为额定电压的百分数（%）	误差极限		二次负载为额定负载的百分数（%）
		比差（%）	角差（′）	
0.01	20	±0.02	±1.6	
	50	±0.015	±0.5	25～100
	80～120	±0.01	±0.3	
0.02	20	±0.04	±1.2	
	50	±0.03	±0.9	25～100
	80～120	±0.02	±0.6	
0.05	20	±0.15	±4	
	50	±0.075	±3	25～100
	80～120	±0.15	±2	
0.1	20	±0.2	±10	
	50	±0.15	±7.5	25～100
	80～120	±0.1	±5	
0.2	20	±0.4	±20	
	50	±0.3	±15	25～100
	80～120	±0.2	±10	
0.5	85～115	±0.5	±20	25～100
1.0	85～115	±1	±40	25～100
3.0	85～115	±3	不规定	25～100

影响电压互感器误差的主要因素有二次负载和一次电压。图 3-10 是一次电压 $\dot{U}_1$ 不变时，比差、角差随二次电流的变化关系。负载电流增大，比差负向增大，且功率因数越低，向负向增大得越多，角差在功率因数较低时，正向增大，功率因数较高时，先由正值变为零再向负向增大。

电压互感器的电压特性是电压互感器比差、角差与一次电压的关系，其变化趋势如图 3-11 所示。随着电压的增加，磁导率增加，铁心工作在磁化曲线的平直部分，比差和角差开始减小并逐渐趋于平稳。可见，应使电压互感器一次侧工作于额定电压。

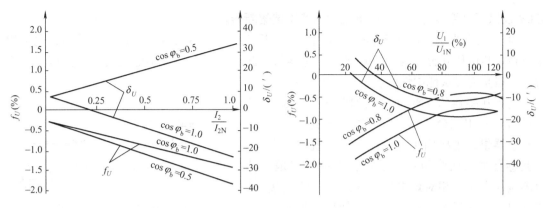

图 3-10 电压互感器的负载特性   图 3-11 电压互感器的电压特性

电压互感器的误差主要与一二次绕组的电压降有关，如果绕组的阻抗为零，比差和角差也为零。为了提高电压互感器的测量准确度、减小误差，相应的措施有：绕组导线的截面适当选大一些以减小绕组电阻；选择优质硅钢片、减小铁心接缝以减小绕组的电抗和励磁电流；减小电压互感器二次负载电流等。

3. 2. 4 电压互感器的接线方式

测量用电压互感器一般都做成单相双线圈结构，其一次电压为被测电压（如电力系统的线电压），可以单相使用。三相电路中电压互感器的接线方式可依据 DL/T 448—2000《电能计量装置技术管理规程》规定：接入中性点绝缘系统的 3 台电压互感器，35kV 及以上的宜采用 Yy 方式接线；35kV 以下的宜采用 V/v 方式接线。接入非中性点绝缘系统的 3 台电压互感器，宜采用 YNyn 方式接线。其一次侧接地方式和系统接地方式相一致。下文对电压互感器的几种接线方式逐一说明。

单相电压互感器接线如图 3-12 所示，这种接线通常用于三相平衡电路中。这种接线方式用于测量 35kV 及以下系统的线电压或 110kV 以上中性点直接接地系统的相对地电压。

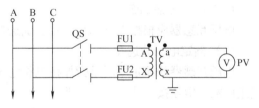

图 3-12 单相电压互感器接线

电压互感器的 V/v 接线如图 3-13 所示，广泛地应用于中性点不接地或经消弧线圈接地的 35kV 及以下的高压三相系统，特别是 10kV 三相系统。这种接线方式简单经济，并且一次绕组没有接地点，减少了系统中对地励磁电流，避免了内部过电压的发生。由于电压互感器本身阻抗很小，一旦二次侧发生短路，电流将急剧增长而烧毁线圈。因此，通常电压互感器一次侧均装有熔断器保护。电压互感器二次侧由于熔体容易产生接触不良而增大电压降，致使电能表计量不准，所以有关规程规定

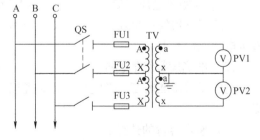

图 3-13 电压互感器的 V/v 接线

35kV 及以下电能表用电压互感器二次回路不装熔断器。

电压互感器的 Yyn 接线如图 3-14 所示，可用于一台三铁心柱三相电压互感器，也可用于三台单相电压互感器构成三相电压互感器组。此种接法多用于小电流接地的高压三相系统，一般是将二次侧中性线引出，接成 Yyn。

电压互感器的 YNynd 接线如图 3-15 所示。这种接法常用三台单相电压互感器构成三相电压互感器组，主要用于大电流接地系统中。电压互感器主二次绕组接成星形，中性点接地，可测量线电压、相对地电压，辅助二次绕组接成开口三角形供给单相接地保护使用。当某一相接地时，开口三角形两端将出现近 100V 的零

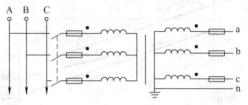

图 3-14　电压互感器的 Yyn 接线

序电压，使电压继电器动作，输出接地故障信号。当 YNynd 联结用于小接地电流系统时，通常都采用三相五柱式的电压互感器。

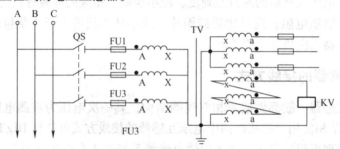

图 3-15　电压互感器的 YNynd 接线

3.2.5　电压互感器的选择及使用注意事项

1. 电压互感器的选择

电压互感器应根据以下几个参数正确选择：

（1）额定电压的选择。

电压互感器的额定电压是指加在三相电压互感器一次绕组上的线电压。电压互感器一次绕组的额定电压按下式来选择，即

$$0.9U_{1X} < U_{1N} < 1.1U_{1X}$$

式中，U_{1X} 为被测电压（kV）；U_{1N} 为电压互感器一次绕组的额定电压（kV）。

电压互感器的一次额定电压不小于被测电压的 0.9 倍，不大于被测电压的 1.1 倍，二次额定电压通常是 100V。

（2）准确度等级的选择。

电压互感器准确度等级应符合有关规程规定的要求，电压互感器通常选用 0.2 级或 0.5 级。

（3）额定容量的选择。

电压互感器的额定容量是指对应于最高准确度等级的容量。电压互感器接入的二次负载超过额定值或者较小都会影响误差，不能保证准确度。DL/T 448—2000《电能计量装置技术管理规程》规定，对电压二次回路，连接导线截面积应按允许的电压降计算确定，至少

应不小于 2.5mm²；互感器实际二次负荷应在 25% ~ 100% 额定二次负荷范围内；电压互感器额定二次功率因数应与实际二次负荷的功率因数接近。所以接入电压互感器的二次负载容量 S_2 应满足

$$0.25S_{2N} \leqslant S_2 \leqslant S_{2N}$$

由于电压互感器每相二次负荷不一定相等，因此，各相的额定容量应该按二次负荷最大的一相来选择。通常按下述原则选用电压互感器额定容量：10kV 的电压互感器额定二次容量≥30VA。

二次负荷取用的总视在功率计算式为

$$S_2 = \sqrt{(\sum P_n)^2 + (\sum Q_n)^2}$$

式中，P_n、Q_n 分别为各仪表消耗的有功功率、无功功率。

2. 电压互感器的使用注意事项

为了达到安全和准确测量的目的，使用电压互感器必须注意以下事项：

（1）根据用电设备需要，选择电压互感器型号、容量、电压比、额定电压和准确度等技术参数。

（2）接入电路之前，需校验电压互感器的极性。按要求的相序进行接线，防止接错极性，否则将引起某一相电压升高至原来的 $\sqrt{3}$ 倍。

（3）电压互感器二次侧应可靠接地，以防止电压互感器一、二次间绝缘击穿，高压窜入低压侧造成人身伤亡或设备损坏。

（4）运行中的电压互感器二次侧严禁短路，其一、二次侧必要时应安装熔断器，并在一次侧装设隔离开关。电压互感器二次侧由于熔体容易产生接触不良而增大电压降，致使电能表计量不准，所以有关规程规定 35kV 及以下电能表用电压互感器二次回路不装熔断器。

（5）当电压互感器二次回路电压降超标时，应对电压互感器二次回路进行改造（加大二次回路导线截面积等），或者使用低功耗电子式电能表，或缩短电压互感器与电能表之间的连线（就近计量）等，不主张选用电压互感器二次回路电压降补偿器。采用电压互感器二次电压降补偿仪反而增加了电能计量装置的故障点，影响其可靠性和稳定性，且易造成用户的异议，引起不必要的纠纷。因此，DL/T 448—2000《电能计量装置技术管理规程》不推荐应用此类补偿方式来降低电压互感器的二次电压降。

3.3　其他互感器

电力系统中除了广泛应用电磁式互感器，电容式电压互感器、电子式电流互感器等在系统中也有相当比重，下文逐一作简单介绍。

1. 电容式电压互感器

电容式电压互感器由电容分压器和电磁单元组成，电容分压器由高压电容和中压电容串联组成，电磁单元由中间变压器、补偿电抗器串联组成，其设计和相互连接使电磁单元的二次电压实质上正比于一次电压，且相位差在连接方向正确时接近于零。电容式电压互感器一般用于 110kV 以上的电力系统，330 ~ 765kV 超高压电力系统应用较多。电磁感应式多用于 220kV 及以下各种电压等级。

电容式电压互感器（CVT）在 72.5～1000kV 电力系统中得到普遍应用。1970 年研制出国产第一台 330kV 的 CVT，1980 年和 1985 年研制出第一代和第二代 500kV 的 CVT，1990 年和 1995 年研制出第三代和第四代 500kV 的 CVT，40 多年来积累了丰富的科研、开发设计和生产经验，在国内开发出一代又一代的 CVT 新产品，带动了国产 CVT 的发展。

相较于电磁式电压互感器，电容式电压互感器具有以下优点：

（1）耐电强度高，冲击绝缘强度高，运行可靠。

（2）体积小，重量轻，成本低，高压配电装置中占地面积很小。

（3）在中间变压器二次侧的一个绕组上，接有阻尼器，能够有效地抑制铁磁谐振。

（4）优良的瞬变响应特性。当一次短路后其二次剩余电压能在 20ms 内降到 5% 以下，特别适合于快速继电保护。

（5）除作为电压互感器用外，还可将其分压电容兼作高频载波通信的耦合电容等。

这些优点使得电容式电压互感器在 110～500kV 的中性点直接接地系统中广泛应用。电容式电压互感器的缺点是误差特性和暂态特性比电磁式电压互感器差，易受系统频率和环境温度的影响，从而准确度下降，难以满足计量用互感器对误差特性的严格要求，输出容量亦较小。

电容式电压互感器实际上是一个单相电容分压管，由若干个相同的电容器串联组成，接在高压相线与地面之间。如图 3-16 所示，在被测电网的相和地之间接有主电容 C_1 和分压电容 C_2，Z_2 为继电器、仪表等电压线圈阻抗。电容式电压互感器实质上是一个电容串联的分压器，被测电网的电压在电容 C_1、C_2 上按反比分压，即

$$\dot{U}_2 = \dot{U}_{C2} = \frac{C_1 \dot{U}_1}{C_1 + C_2} = k \dot{U}_1$$

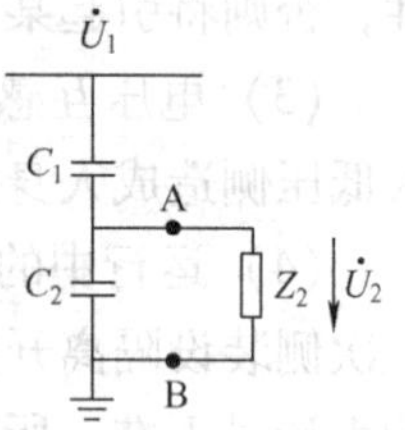

式中，k 为分压比，$k = \dfrac{C_1}{C_1 + C_2}$。

图 3-16　电容式电压互感器原理结构图

电容式电压互感器型号 TYD110/$\sqrt{3}$ – 0.02H 的含义：T—成套；Y—电容式；D—单相；110/$\sqrt{3}$—额定相电压（kV）；0.02—额定电容量（μF）；H—用于Ⅲ、Ⅳ级污秽地区。

电容式电压互感器可在 110～500kV 高压和超高压电力系统中应用于电压和功率测量、电能计量、继电保护、自动控制等方面，并可兼作耦合电容器用于电力线载波通信系统。

实际使用中，需要综合考虑安全性、计量准确性、产品价格等因素，进行技术经济比较，确定选择电磁式电压互感器或是电容式电压互感器。这两类互感器的性能比较见表 3-7。

表 3-7　电磁式电压互感器与电容式电压互感器的性能比较

性能＼类别	电磁式电压互感器	电容式电压互感器
误差稳定性	好	差
频率改变对误差的影响	很小	较大
温度改变对误差的影响	很小	较大
邻近效应及外电场的影响	很小	较大

（续）

性能＼类别		电磁式电压互感器	电容式电压互感器
造价	220kV 以下	低	高
	220kV 以上	高	低
暂态响应特性		好	差
绝缘结构及绝缘强度		220kV 以上绝缘结构复杂	好
运行安全性		不好	好

因此，电能计量装置选用电压互感器应该遵循以下原则：110kV 及以下电压等级系统宜选用电磁式电压互感器；220kV 电压等级系统可选用电磁式或电容式电压互感器；330kV 及以上电压等级系统宜选用电容式电压互感器。

2. 电子式电流互感器

电子式互感器是具有模拟量电压输出或数字量输出的互感器，供频率 15～100Hz 的电气测量仪器和继电保护装置使用。电子式互感器的结构由传感、传输、输出三大部分组成，每一个部分都包含有电子器件，因此称为电子式互感器。电子式互感器具有以下特点：

（1）传感准确化，电子式互感器的输出形式是高精度的信号，不是能量形式的输出。

（2）传输光纤化，光纤是电子式互感器的理想信号传输方式。

（3）输出数字化，数字量是电子式互感器的终极输出形式。

随着特高压建设和智能电网的推进，传统的电磁式互感器暴露出许多缺点：绝缘复杂、不能用于测量直流输电系统、磁饱和将产生大的测量误差、铁磁谐振、有油易燃易爆、体积大、重量重、造价高、电磁干扰严重等。相较于电磁式互感器，电子式互感器具有以下优势：

（1）安全优势：绝缘结构简单，无爆炸和二次开路危险。

（2）成本优势：绝缘造价低，随电压等级的升高，其造价优势愈加明显。220kV 以上时，绝缘成本大幅降低。电子式互感器在使用中几乎不消耗能量，节电效果十分显著。大量采用光纤，成本低。

（3）性能优势：动态范围大，无死区，频带响应宽，测量准确度高。电磁感应式互感器因存在磁饱和问题，难以实现大范围测量及同时满足高精度计量和继电保护的需要。电子式电流互感器有很宽的动态范围，额定电流可测到几百安培至几千安培，过电流范围可达几万安培。另外，电子式互感器体积小、重量轻。电子式互感器传感头本身的重量一般比较小。美国西屋公司公布的 345kV 的光学电流互感器（OCT），其高度为 2.7m，重量为 109kg，而同电压等级的充油电磁式电流互感器高为 6.1m，重达 7718kg。电子式电流互感器这一优点给运输与安装带来了很大的方便。

电压等级越高，电子式互感器优势越明显，而中低电压等级使用电子式互感器意义不大。电子式互感器以其独特的优势，将在未来的电力系统中发挥越来越重要的作用，它的推广和应用，将对电力系统特别是变电站的二次设备产生极其深远的影响，并将加速变电站全数字化、自动化的进程。

电子式互感器已成为国内外知名企业、科研院所和大专院校投资和研发的热点领域。

ABB、川奇、西门子等国外著名电器制造商均已投入大量资金进行了长时间研究试验，相关产品已在许多国家电网投入运行。我国自 20 世纪 90 年代初开始电子式互感器的研究，主要研制单位有清华大学、华中科技大学、中国电力科学研究院、南瑞继保、南自新宁、国电南自、哈尔滨工业大学、河南许继、西安同维、广州伟钰、西安华伟等。国电南自、西安高研等中国电器制造商生产的电子式互感器已有不少产品在国内电力系统挂网运行。

电子式电流互感器按一次传感部分是否需要供电划分为有源式和无源式电子互感器。

无源电子式互感器利用法拉第效应制作的光纤电流互感器和利用珀尔效应制作的电压互感器，都是根据磁光效应原理制作的，是通过光的变化来感测电流或电压的变化，通过光纤传输传感信号。传感头部分采用磁光晶体或光纤，不存在供电问题。但是这种互感器对光学技术、光纤技术以及光学材料的发展有很大的依赖性，研制技术难度大，成本较高。而且，磁光材料在外界环境的温度、压力等参数变换情况下的稳定性也是一个技术上难以解决的问题。因此，要达到实用阶段还要走很长的路。无源电子式互感器光学装置制作工艺复杂，稳定性不易控制。

有源电子式互感器通过远端模块将模拟信号转换为数字信号后经通信光纤传送出去。传感头采用电子器件，需要解决供电问题。有源电子式电流互感器目前研究较为成熟、实际投入运行比较多，获得了大量的现场运行经验，有望首先得以推广应用。

目前中压领域（40.5kV 及以下系统）的有源电子式电流互感器的原理主要有罗氏线圈（也叫空心线圈）和低功率线圈（感应式宽带线圈）两种。

采用罗氏线圈（也叫空心线圈）原理的有源电子式电流互感器（又称为罗可夫斯基空心线圈电流互感器）原理图如图 3-17 所示。

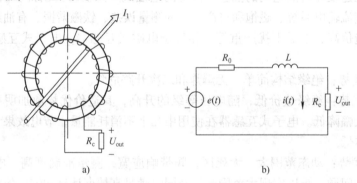

图 3-17　罗氏线圈有源电子式电流互感器的原理图及等效原理图
a）原理图　b）等效原理图

电子式电流互感器的一次传感部分采用了罗可夫斯基空心线圈的原理，它由罗氏线圈、积分器、A/D 转换等单元组成，将一次侧大电流转换成二次侧低电压模拟量输出或数字量输出。罗氏线圈如图 3-17a 所示，罗氏线圈满足以下四个基本条件：二次绕组足够多、二次绕组在一定的圆形非磁性材料骨架上对称均匀、每一匝绕组形状完全相同、每一匝绕组所在平面穿过骨架所在的圆周的中心轴，则罗氏空心线圈的感应电压与被测电流的导数成正比。电子式电流传感器不使用铁心，使用了原理上没有饱和的罗可夫斯基线圈，由这个罗可夫斯基线圈得到了与一次电流 I 的时间微分成比例的二次电压，将该二次电压进行积分处理，获得与一次电流成正比的电压信号 $U_{out} = kI$。

采用低功率线圈（感应式宽带线圈）原理的电子式电流互感器原理如图 3-18 所示。

低功耗线圈的电子式电流互感器由一次绕组、小铁心和损耗最小化的二次绕组组成。二次绕组上连接着分流电阻 R_a，该电阻是电流互感器一体化元件，分流电阻 R_a 设计成使互感器消耗的功率接近为零。二次电流 I_2 在分流电阻 R_a 两端的电压降 U_2 与一次电流 I_1 成比例，U_2 根据需要可以设计在 0~5V 之间，这种互感器是对电磁式电流互感器的改进，铁心一般采用微晶合金等高导磁性材料，在较小

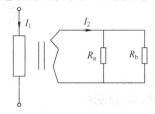

图 3-18　由低功率线圈组成的
电子式电流互感器原理图

的铁心截面（铁心尺寸）下，就能够满足测量准确度的要求，比传统互感器的电流测量范围大很多，又可以同时满足测量和保护的要求。

习　题　3

3-1　电流互感器的误差存在的原因是什么？电流互感器的比差和角差是如何定义的？

3-2　电流互感器二次回路为什么不允许装熔断器？

3-3　使用电流互感器时要注意哪些事项？

3-4　有一电流互感器，铭牌标明穿 2 匝时电流比为 150A/5A。试求将该电流互感器电流比改为 100A/5A 时，一次侧应穿多少匝？

3-5　如何正确地选择电流互感器的电流比？

3-6　某电力用户使用一台 100kVA、10kV/0.4kV 的变压器，在低压侧应配置多大电流比的电流互感器？

3-7　电流互感器二次额定容量 $S_{2N} = 15VA$，二次回路接有有功、无功电能表，由电流互感器至主控制室的铜导线长 40m，电流互感器采用四线分相接线方式，其中 A 相容量 6.5VA，B 相容量 1.6VA，设接点的接触电阻为 0.1Ω，试确定二次导线的截面积。

3-8　电压互感器的作用是什么？

3-9　什么叫电压互感器的比差、角差？

3-10　使用电压互感器要注意哪些事项？

第 4 章　电能计量方式

电能计量方式是根据用户供电方式、用电容量、类别、电费管理制度等因素确定电能表类别、装设套数、安装位置、电能表与互感器的接线方式等。常用的计量方式有高供高计、高供低计和低供低计等。本章分析了有关规程对电能计量方式的规定，重点讲述了单相有功电能和三相有功电能及无功电能计量装置的接线方式、三相有功和无功电能的联合接线，另外介绍了电能计量试验接线盒和电能计量柜等内容。

电能和电功率数学表达式仅差时间因素，为书写简单，在全部叙述中以电功率的形式写出电能的数学表达式进行分析。文中所有接线图中感应式电能表均可用电子式电能表代替。

4.1　有关规程对电能计量方式的规定

电能计量方式与用户容量和电费管理制度等有关，因此世界各国的电能计量方式有部分差异，我国的电能计量方式选取依据主要有三种：用户容量，电费制度，供电方式。

4.1.1　依据用户容量确定电能计量方式

依据用户容量的大小，常用的计量方式有高供高计、高供低计和低供低计。根据《供电营业规则》，一般都是以对地电压大于 1kV 为高压，对地电压小于 1kV 为低压。

高供高计是采用高压供电，在受电变压器高压侧装表计量的计量方式。高供高计计量方式中，电能计量装置设置点的电压与供电电压一致，大大减少了计量管理的工作量，最大限度地满足了计量要求，可控性大，能有效防窃电。用电设备容量在 100kW 以上或需用变压器容量在 50kVA 以上的用户，宜采用高压供电。高压供电的用户原则上应采用高供高计的计量方式。一般容量在 315kVA 及以上专变用户采用高供高计，容量在 315kVA 以下专变用户可采用高供低计。对专线供电的高压用户，可在供电变电站的出线侧装表计量。

高供低计是采用高压供电，在受电变压器低压侧装表计量的计量方式。高供低计中，电能计量装置设置点的电压低于用户供电电压，结算电费应以供电电压为准，电量计算是要折算到高压侧，降压变压器的铜损、铁损应由用户承担。高供低计的用户，计量点到变压器低压侧的电气距离一般不宜超过 20m。虽然允许容量在 500kVA 及以下的 35kV 公用配电网供电用户和容量在 315kVA 及以下的 10kV 用户采用高供低计，但不提倡，因为在产权分界点装设计量装置，高压计量能有效防窃电。而且随着技术的发展，高压计量装置的综合成本已大大下降，体积也越来越小，对高压用户采用高供高计已是一种发展趋势。一些地区需用变压器容量 100kVA 及以上专变用户，如没有特殊原因，均采用高供高计。

低供低计是采用低压供电，在同一个等级的电压上装表计量的计量方式。根据《供电营业规则》，对于用电设备容量在 100kW 及以下、或需用变压器容量在 50kVA 及以下的用户，一般采用低压三相四线制供电，采用低供低计计量方式。用户单相用电设备总容量小于 10kW 的采用低压 220V 单相供电，装设单相电能计量装置。用户用电设备总容量超过 10kW

的采用三相四线制供电，装设三相电能计量装置。DL/T 448—2000《电能计量装置技术管理规程》规定："低压供电，负荷电流为 50A 及以下时，宜采用直接接入式电能表；负荷电流为 50A 以上时，宜采用经电流互感器接入式的接线方式。"实践证明，由于电能表的质量问题，直接接入式电能表的额定最大电流超过 60A 时，接线端子易过热受损。因此，低压供电线路的负荷电流为 50A 及以下时，宜选用额定最大电流不大于 60A 的直接接入式电能表；当线路负荷电流大于 50A 时，宜选用经互感器接入式电能表。低压供电用户若有设备容量超过 1kW 的单相电焊机、换流设备时，用户应该采取有效技术措施消除其对电能质量的不利影响，否则应改为其他方式供电。

在负荷密度较高的地区，对于用电设备总容量超过 100kW 或需用变压器容量在 50kVA 以上的用户，在设计供电方案时，经过经济技术比较，如果发现采用低压供电技术经济性明显优于高压供电方案，可采用低压三相四线制供电，相应的采用低供低计计量电能。

对于受电容量在 100kVA 及以上的用户应装设负荷管理装置。

4.1.2　依据电费制度确定计量方式

电能计量方式与电费制度相关，DL/T 448—2000《电能计量装置技术管理规程》规定：执行功率因数调整电费的用户，应安装能计量有功电量、感性和容性无功电量的电能计量装置；按最大需量计收基本电费的用户应装设具有最大需量计量功能的电能表；实行分时电价的用户应装设复费率电能表或多功能电能表。具有正、反向送电的计量点应装设计量正向和反向有功电量以及四象限无功电量的电能表。

依据 DL/T 448—2000《电能计量装置技术管理规程》规定，根据电费制度确定计量方式如下：

（1）考核功率因数用户。

依据 1983 年水利电力部发布的《功率因数调整电费办法》和《供电营业规则》，容量在 100kVA 或功率在 100kW 及以上的用户都要考核功率因数。这类用户需加装无功电能表，其中对加装了无功补偿装置的用户应装设两只具有止逆装置的感应式无功电能表或一只可计量感性无功和容性无功的电子式无功电能表；需要供、受电双向计量时，应分别装设两只具有止逆装置的感应式无功电能表或一只可计量感性无功和容性无功电子式无功电能表或具有无功电能计量功能的多功能电能表，也可装设一只四象限有功、无功组合式电能表。

（2）实行两部制电价用户。

容量在 100kVA 及以上的工业用户实行两部制电价，对这类用户要加装最大需量表或具有计量最大需量功能的多功能电能表。一般来说，按现行的电价制度规定，实行两部制电价计费的用户还应同时实行按功率因数调整电费的办法。

（3）实行分时电价的用户。

现在大部分普通居民用电户都实现分时电价，应装设复费率分时电能表或多功能电能表。

（4）对同时有供、受电量的地方电网和有自备电厂的企业与电力系统联网时，有正向送电，也有反向受电，应在并网点上设计量供、受电量的电能计量装置或采用四象限计量有功、无功电能的电能表。

（5）用户有两种及以上不同电价类别负荷的计量方式。

这种情况应该对各种类别的负荷分别装设计费用电能计量装置。若无法实现，则应采取定比或定量的方法进行分摊。

4.1.3　根据供电方式确定计量方式

电源中性点的接地方式决定了计量方式的正确选择。DL/T 448—2000《电能计量装置技术管理规程》将电力系统分为中性点绝缘系统和非中性点绝缘系统。DL/T 825—2002《电能计量装置安装接线规则》将电力系统分为中性点非有效接地系统（小电流接地系统）和中性点有效接地系统（大电流接地系统）。DL/T 825—2002《电能计量装置安装接线规则》规定，中性点非有效接地系统是中性点不接地、经高值阻抗接地、谐振接地的系统，也称为小电流接地系统；中性点有效接地系统是中性点直接接地系统或经一低值阻抗接地的系统，也称为大电流接地系统。

1. 非中性点绝缘系统

非中性点绝缘系统如图 4-1 所示，中性点直接接地或经一低阻值阻抗接地的系统，亦称为直接接地系统，这也是 DL/T 825—2002《电能计量装置安装接线规则》中的中性点有效接地系统（大电流接地系统），有三根相线和一根中性线（零线），是三相四线电路。电力负荷接入相线与相线、相线与中性线之间。

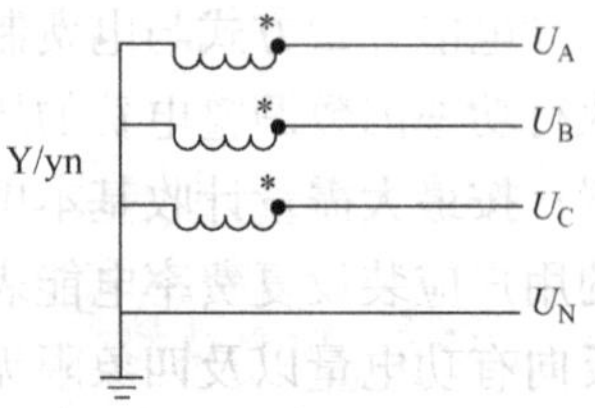

三相四线供电系统中计量方式相关的规定包括：

（1）DL/T 448—2000《电能计量装置技术管理规程》规定：接入非中性点绝缘系统的电能计量装置应采用三相四线有功、无功电能表或 3 只感应式无止逆单相电能表。

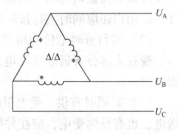
图 4-1　非中性点绝缘系统

（2）DL/T 825—2002《电能计量装置安装接线规则》规定：中性点有效接地系统应采用三相四线有功、无功电能表。

因此，三相四线供电系统中应该采用三相四线表（DT 型）或 3 只单相表（DD 型）来计量电能。

（1）在低压 400V 配网系统中，采用三相四线供电，因此大量采用此计量方式。

（2）110kV 及以上高压电力系统由于电压幅值过高、线路相对过长，中性点直接接地的绝缘水平造价大约比不接地时降低 20%，采用中性点直接接地方式，系统设备在相电压下运行，计量方式应采用三相四线表配合电压、电流互感器，电能表的参比电压为 $3 \times 57.7/100V$。

2. 中性点绝缘系统

中性点绝缘系统如图 4-2 所示，中性点不接地、或经高值阻抗接地、或谐振接地（中性点经消弧线圈接地），这也是 DL/T 825—2002《电能计量装置安装接线规则》中的中性点非有效接地系统，也称为小电流接地系统。电力负荷接入相线与相线之间，这种仅有三根相线而没有中性线的电路，是三相三线电路。

图 4-2　中性点绝缘系统

三相三线供电系统中计量方式相关的规定包括：

(1) DL/T 448—2000《电能计量装置技术管理规程》规定：接入中性点绝缘系统的电能计量装置，应采用三相三线有功、无功电能表。

(2) DL/T 825—2002《电能计量装置安装接线规则》规定：中性点非有效接地系统一般采用三相三线有功、无功电能表，但经消弧线圈等接地的计费用户且年平均中性点电流（至少每季测试一次）大于 $0.1\% I_N$（额定电流）时，也应采用三相四线有功、无功电能表。

因此，三相三线制电路中应采用三相三线电能表配合电压、电流互感器（电能表的参比电压为 $3 \times 100V$）或采用三相三线高压表计量电能。在 10kV（中性点不接地）、35kV 系统（经消弧线圈接地）中，广泛运用该计量方式。依据 DL/T 825—2002《电能计量装置安装接线规则》规定，35kV 系统经消弧线圈接地，一般中性线电流较小，影响不大，采用三相三线高压表，一旦中性线电流大于 $0.1\% I_N$，则应采用三相四线表计量电能。

一般来讲，110kV 及以上的电力系统均为非中性点绝缘系统，电能计量装置应采用三相四线接线方式。3～66kV 系统则多为中性点绝缘系统，电能计量装置采用三相三线接线方式。但实际情况比较复杂，应根据电网的实际接地方式配置电能计量装置。

关于互感器的接线，遵循 DL/T 448—2000《电能计量装置技术管理规程》和 DL/T 825—2002《电能计量装置安装接线规则》中的有关规定，参见第 3 章。

关于三相电路中 TA 的接线 DL/T 448—2000《电能计量装置技术管理规程》上规定三相四线"宜"采用六线连接，三相三线"宜"采用四线连接，笔者认为应该改为"必须"，强制推行三相四线制电路中 TA 的六线连接和三相三线制电路中 TA 的四线连接，正如 DL/T 825—2002《电能计量装置安装接线规则》中规定的"应采用分相接线方式"，因为由于负荷的不平衡，三相三线制电路 TA 三线连接公共导线上必定会有电流流通，在公共导线电阻上产生的电压降必定造成电流互感器的误差改变，引入计量附加误差。三相四线制电路 TA 四线连接不利于接线检查。

低压 400V 配网系统是三相四线制电路，采用三相四线电能表（DT 型）或 3 只单相电能表（DD 型），普通低压用户选用直接接入式电能表，低压大电流用户则还应加接电流互感器计量。

3. 其他规定

有两路及以上线路分别来自两个及以上的供电点或有两个及以上的受电点的用户，应分别装设电能计量装置。

通过前文对 DL/T 448—2000《电能计量装置技术管理规程》、DL/T 825—2002《电能计量装置安装接线规则》关于电能计量方式规定的分析，可以明确：用户用电容量在 100kW 或需变容量在 50kVA 及以上的宜采用高压供电，原则上应高供高计。一般容量在 315kVA 及以上专变高压用户采用高供高计，容量在 315kVA 以下专变高压用户采用高供低计。用电设备容量在 100kW 及以下、或需用变压器容量在 50kVA 及以下的用户，一般采用低压三相四线制供电，采用低供低计计量方式。110kV 及以上供电的高压用户应采用三相四线制电能计量装置，电压互感器宜采用 YNyn 接线；10kV、35kV 高压用户采用三相三线电能计量装置，10kV 电压互感器宜采用 V/v 接线，35kV 电压互感器宜采用 Yy 接线。电流互感器应采用分相接法。低压 400V 配网系统中，普通居民用户总容量小于 10kW 的采用低压 220V 单相供电单相计量，用电设备总容量超过 10kW 的采用三相四线供电，配置三相四线表或 3 只单相表计量电能。对于低压大电流用户（负荷电流为 50A 以上），采用电流互感器配合三相四线表计量电能。计量方式中的电流互感器采用分相接法。

4.2 单相电能表的接线方式

装表接线的首要问题是正确识别电能表端子盒内的接线图，一般识图规则是：电流元件，横向粗线、串联；电压元件，纵向细线、并联。居民用电、容量小于 10kW 的单相设备采用低压 220V 单相供电，采用单相有功电能表计量电能。单相电路的有功功率的计算公式为

$$P = UI\cos\varphi \tag{4-1}$$

1. 接线原则

单相有功电能表的接线原则是：电能表的电流线圈标有黑点 "·" 的端子（称为电源端）接于电源侧，另一端子接负载侧，串接于相线中；电压线圈标有黑点 "·" 的端子与电流线圈标有黑点 "·" 的端子接至电源的同一极，另一端子接电源侧的中性线，跨接在电源端的相线与中性线之间，并接于电源侧。电能表端钮盒的接线端子应以 "一孔一线"、"孔线对应" 为原则，禁止在电能表端钮盒端子孔内同时连接两根导线。

当负载电流和流经电压线圈的电流都由标有黑点的一端流入相应的线圈时，电能表才能正转正确计量有功电能。（注意：单相电子式电能表大部分都设置为电能的绝对值累计，不会计量反向电能，能有效地防止电能表反转的窃电手段。）

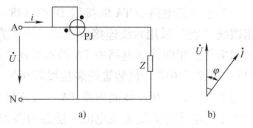

图 4-3　单相有功电能表的原理接线图、相量图
a) 原理接线图　b) 相量图

2. 原理接线图、相量图及实际接线图

单相有功电能表的原理接线图、相量图如图 4-3 所示。

国产直接接入式电能表应按单进双出方法接线，即接线柱 1、3 接电源，接线柱 2、4 接负载，接线柱 1 接相线（火线），如图 4-4 所示。单相有功电能表实际接线图如图 4-5 所示。

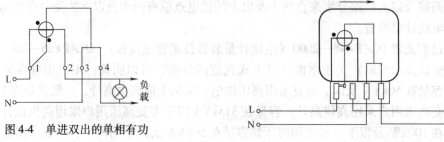

图 4-4　单进双出的单相有功
电能表的接线图

图 4-5　单相有功电能表实际接线图

单相有功电能表接线时应该注意避免图 4-6、图 4-7 所示的几种错误接线。

3. 测量功率

按图 4-3a 中的电能表接线，接线方式是 $[\dot{U}, \dot{I}]$，根据图 4-3b 所示的相量图，测得的

有功功率为

$$P = UI\cos\varphi$$

根据单相有功电能表的接线原则，可以避免多种错误接线。

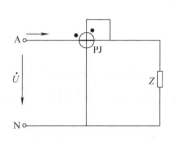

图4-6 电压线圈跨接负载侧

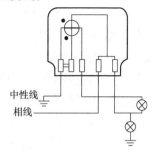

图4-7 电流线圈串接在中性线上

若单相电能表有一个线圈极性接反，测得的实际功率为

$$P = -UI\cos\varphi$$

则电能表反转，计量反向有功电能，对于电子式电能表，这种接线照样计量电能，这种窃电方式无效。

按图4-7所示接线，电流线圈的电源端接中性线，电流线圈就串联在中性线上，一旦在相线与地之间接有负载，该负载电流不流经电能表的电流线圈，易产生漏计量。

4.3 三相三线有功电能表的接线方式

中性点绝缘系统按照 DL/T 448—2000《电能计量装置技术管理规程》规定，应该采用三相三线有功、无功电能计量装置，在 10kV、35kV 配网系统中广泛运用这种计量方式。

三相三线制电路，无论负载是否对称，均有三相电路的瞬时功率等于各相瞬时功率之和，即

$$p = p_\text{A} + p_\text{B} + p_\text{C}$$

当负载为星形联结时，三相电路的瞬时功率为

$$p = u_\text{A}i_\text{A} + u_\text{B}i_\text{B} + u_\text{C}i_\text{C}$$

根据 KCL 定律，三相三线制电路中三相电流瞬时值之和为零，即

$$i_\text{A} + i_\text{B} + i_\text{C} = 0$$

则

$$i_\text{B} = -(i_\text{A} + i_\text{C})$$

所以

$$p = (u_\text{A} - u_\text{B})i_\text{A} + (u_\text{C} - u_\text{B})i_\text{C} = u_\text{AB}i_\text{A} + u_\text{CB}i_\text{C}$$

同理可得到

$$p = u_\text{AC}i_\text{A} + u_\text{BC}i_\text{B}$$

$$p = u_\text{BA}i_\text{B} + u_\text{CA}i_\text{C}$$

三相电路的平均功率 P 是瞬时功率在一个周期内的平均值，则

$$P = U_{AB}I_A\cos(\dot{U}_{AB}\hat{}\dot{I}_A) + U_{CB}I_C\cos(\dot{U}_{CB}\hat{}\dot{I}_C)$$

$$P = U_{AC}I_A\cos(\dot{U}_{AC}\hat{}\dot{I}_A) + U_{BC}I_B\cos(\dot{U}_{BC}\hat{}\dot{I}_B)$$

$$P = U_{BA}I_B\cos(\dot{U}_{BA}\hat{}\dot{I}_B) + U_{CA}I_C\cos(\dot{U}_{CA}\hat{}\dot{I}_C)$$

式中（$\dot{U}_{AB}\hat{}\dot{I}_A$）指相量 $\dot{U}_{AB}$ 超前 $\dot{I}_A$ 的相位角，其余类同。

若负载为三角形联结，同样可以得出上述结论。

由此可见，三相三线电路三相总功率为两只功率表分别测得的功率的代数和。因此可以通过两表法测量三相三线有功电能，两表法有三种接线方式，为便于用电管理，规定接线方式为 $[\dot{U}_{AB}, \dot{I}_A]$、$[\dot{U}_{CB}, \dot{I}_C]$ 时为标准形式。

当三相电路完全对称时，也即电源、负载均对称，则有 $U_A = U_B = U_C = U_{ph}$，$U_{AB} = U_{BC} = U_{CA} = U = \sqrt{3}U_{ph}$，$I_A = I_B = I_C = I_{ph} = I$，$\varphi_A = \varphi_B = \varphi_C = \varphi$，$U_{ph}$ 为相电压，U 为线电压，I 为线电流。则三相三线电路总功率为

$$P = 3U_{ph}I_{ph}\cos\varphi = \sqrt{3}UI\cos\varphi$$

此时可用一只单相表（一表法）计量三相三线对称电路的有功电能。

1. 接线原则

三相三线电能表的接线原则是：采用二表法测量有功电能，原理接线图如图 4-8 所示，电能表的接线方式为 $[\dot{U}_{AB}, \dot{I}_A]$、$[\dot{U}_{CB}, \dot{I}_C]$，接入的电源侧电压必须是正相序的。

两个功率元件中的电压、电流接线原则跟单相电能表接线原则一致，第一元件电流、电压线圈电源端接到电源相线 A 端，电流线圈串接在 A 相线上，流过电流为 $\dot{I}_A$，电压线圈非电源端接到电源相线 B 端，承受电压为 $\dot{U}_{AB}$；第二元件电流、电压线圈电源端接到电源相线 C 端，电流线圈串接在 C 相线上，流过电流为 $\dot{I}_C$，电压线圈非电源端接到电源相线 B 端，承受电压为 $\dot{U}_{CB}$。当高压三相三线计量时，三相三线电能表应配合 TV、TA，相应地接到三相三线电能表的电压电流为对应的 TV、TA 二次侧电压电流，接线方式为 $[\dot{U}_{ab}, \dot{I}_a]$、$[\dot{U}_{cb}, \dot{I}_c]$。

2. 原理接线图、相量图、实际接线图

三相三线有功电能表的原理接线图、相量图如图 4-8 所示，电力系统中三相三线制电路占了很大一块比重，为了管理规范，统一接线，规定如图 4-8 所示的接线方式为三相三线制电路有功电能计量的标准接线方式。

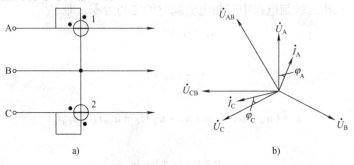

a)　　　　　　　　　　　　　b)

图 4-8　三相三线有功电能表的原理接线图、相量图

a) 原理接线图　b) 相量图

三相三线有功电能表的实际接线图如图 4-9 所示。

3. 测量功率

按图 4-8 的电能表接线，接线方式为 $[\dot{U}_{AB}, \dot{I}_{A}]$、$[\dot{U}_{CB}, \dot{I}_{C}]$，根据图 4-8 的相量图可测得功率为

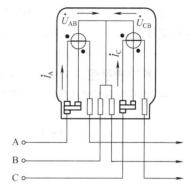

$$P = U_{AB}I_A\cos(30° + \varphi_A) + U_{CB}I_C\cos(30° - \varphi_C)$$
$$= P_1 + P_2 \tag{4-2}$$

由式（4-2）可见，每只表计的指示值与负载功率因数有关，当 A 相负载是感性负载、$\varphi_A > 60°$ 时，$P_1 < 0$，表计 1 反转，总功率应为两者代数和。用三相二元件电能表计量时，无论负载功率因数如何变化，表计都不会反转。

由以上公式推导可知，三相三线制电路中，只要三相电压对称，无论负载是否平衡，三相二元件电能表都可以正确计量其有功电能。

三相三线制电路中，电源侧中性点绝缘不接地，这种系统是不能对地加接有效性负荷的，因为无法构成回路。

图 4-9　三相三线有功电能表
的实际接线图

无论负载如何接线（对地接或不对地接，接电感或接电容、电阻），负载不对称时，负载中性点和电源中性点将发生位移，位移的情况和不对称度有关，而负载消耗的功率永远和测量功率保持一致，无任何附加线路计量误差。因此三相三线制电路中，无论负载如何接入，负载是否对称，三相三线电能表均可正确计量电能。在三相三线电路中，A 相对地加接一个感性分量较大的线圈、或 C 相接入一个容性分量很大的负载、或 B 相对地接入负载，会造成少计电量以窃电之说，理论依据是不能成立的，现实中也不存在。

4.4　三相四线有功电能表的接线方式

低压 400V 配网系统和 110kV 及以上高压电力系统采用电源中性点直接接地方式供电，是三相四线电路。无论负载是否对称，三相四线总有功功率等于各相有功功率之和。

$$P = P_A + P_B + P_C = U_A I_A\cos\varphi_A + U_B I_B\cos\varphi_B + U_C I_C\cos\varphi_C$$

当三相四线电路完全对称时，也即电源、负载均对称，则有

$$U_A = U_B = U_C = U_{ph}$$
$$U_{AB} = U_{BC} = U_{CA} = U = \sqrt{3}U_{ph}$$
$$I_A = I_B = I_C = I_{ph} = I$$
$$\varphi_A = \varphi_B = \varphi_C = \varphi$$

则三相四线电路总功率为

$$P = 3U_{ph}I_{ph}\cos\varphi = \sqrt{3}UI\cos\varphi$$

此时可用一只单相表（一表法）计量三相四线对称电路有功电能。由于三相四线对称电路中有 $i_A + i_B + i_C = i_N = 0$，因此可以采用三相三线电能表（两表法）计量三相四线对称电路有功电能。

1. 接线原则

三相四线电能表的接线原则是：采用三表法计量有功电能，接线方式为 $[\dot{U}_A, \dot{I}_A]$、

$[\dot{U}_{\mathrm{B}}, \dot{I}_{\mathrm{B}}]$、$[\dot{U}_{\mathrm{C}}, \dot{I}_{\mathrm{C}}]$，每个功率元件的接线原则与单相电能表的接线原则相同。三相四线有功电能表的中性线必须与电源中性线直接连通，进出有序，不允许相互串联，不允许采用接地、接金属外壳等方式代替。中性线采用"T联结"接线，就是中性线不剪断，在中性线上用不小于 $2.5\mathrm{mm}^2$ 的铜芯绝缘导线 T 接到三相四线电能表的中性线端子上。注意，通电检查前应恢复中性线的绝缘。如将中性线剪断后接入电能表，当中性线接触不良或断线时会造成相电压变化，有的相升高，有的相降低，严重影响用户设备的正常工作，甚至可能引发事故。

2. 原理接线图、相量图、实际接线图

三相四线有功电能表的原理接线图、相量图如图 4-10 所示。

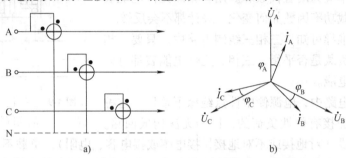

图 4-10　三相四线有功电能表的原理接线图、相量图

a）原理接线图　b）相量图

三相四线有功电能表的实际接线图如图 4-11 所示。

3. 测量功率

按图 4-10 的电能表接线，接线方式为 $[\dot{U}_{\mathrm{A}}, \dot{I}_{\mathrm{A}}]$、$[\dot{U}_{\mathrm{B}}, \dot{I}_{\mathrm{B}}]$、$[\dot{U}_{\mathrm{C}}, \dot{I}_{\mathrm{C}}]$，测得功率为

$$P = P_{\mathrm{A}} + P_{\mathrm{B}} + P_{\mathrm{C}} = U_{\mathrm{A}}I_{\mathrm{A}}\cos\varphi_{\mathrm{A}} + U_{\mathrm{B}}I_{\mathrm{B}}\cos\varphi_{\mathrm{B}} + U_{\mathrm{C}}I_{\mathrm{C}}\cos\varphi_{\mathrm{C}}$$

当相间有负载时，如在 AB 相间接有负载 Z_{D}，设流过 Z_{D} 的电流为 $\dot{I}_{\mathrm{D}}$，功率因数为 $\cos\varphi_{\mathrm{D}}$，Z_{D} 消耗的有功功率为 $P_{\mathrm{D}} = U_{\mathrm{AB}}I_{\mathrm{D}}\cos\varphi_{\mathrm{D}}$，三相四线电路的总功率为

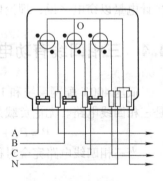

图 4-11　三相四线有功电能表的实际接线图

$$P_{\mathrm{A}} = U_{\mathrm{A}}I_{\mathrm{A}}\cos\varphi_{\mathrm{A}} + U_{\mathrm{A}}I_{\mathrm{D}}\cos(\varphi_{\mathrm{D}} - 30°)$$

$$P_{\mathrm{B}} = U_{\mathrm{B}}I_{\mathrm{B}}\cos\varphi_{\mathrm{B}} + U_{\mathrm{B}}I_{\mathrm{D}}\cos(\varphi_{\mathrm{D}} + 30°)$$

$$P_{\mathrm{C}} = U_{\mathrm{C}}I_{\mathrm{C}}\cos\varphi_{\mathrm{C}}$$

$$P = P_{\mathrm{A}} + P_{\mathrm{B}} + P_{\mathrm{C}}$$

$$P = U_{\mathrm{A}}I_{\mathrm{A}}\cos\varphi_{\mathrm{A}} + U_{\mathrm{A}}I_{\mathrm{D}}\cos(\varphi_{\mathrm{D}} - 30°) + U_{\mathrm{B}}I_{\mathrm{B}}\cos\varphi_{\mathrm{B}} + U_{\mathrm{B}}I_{\mathrm{D}}\cos(\varphi_{\mathrm{D}} + 30°) + U_{\mathrm{C}}I_{\mathrm{C}}\cos\varphi_{\mathrm{C}}$$

$$P = U_{\mathrm{A}}I_{\mathrm{A}}\cos\varphi_{\mathrm{A}} + U_{\mathrm{B}}I_{\mathrm{B}}\cos\varphi_{\mathrm{B}} + U_{\mathrm{C}}I_{\mathrm{C}}\cos\varphi_{\mathrm{C}} + \sqrt{3}U_{\mathrm{A}}I_{\mathrm{D}}\cos\varphi_{\mathrm{D}}$$

$$P = U_{\mathrm{A}}I_{\mathrm{A}}\cos\varphi_{\mathrm{A}} + U_{\mathrm{B}}I_{\mathrm{B}}\cos\varphi_{\mathrm{B}} + U_{\mathrm{C}}I_{\mathrm{C}}\cos\varphi_{\mathrm{C}} + U_{\mathrm{AB}}I_{\mathrm{D}}\cos\varphi_{\mathrm{D}}$$

由以上公式推导可知，三相四线制电路中，无论电压是否对称，负载是否平衡，三相四线电能表均可以正确计量有功电能。

三相四线制电路中不允许采用三相三线电能表计量电能。只有在三相电路完全对称的情况下，才有 $i_{\mathrm{A}} + i_{\mathrm{B}} + i_{\mathrm{C}} = 0$，这时应用三相三线电能表计量电能才不会出现误差。一般情况

下，三相电流之和等于中性线电流，$i_A + i_B + i_C = i_N$，则有

$$i_B = i_N - (i_A + i_C)$$

$$p = u_A i_A + u_B i_B + u_C i_C$$

由此得

$$p = u_{AB} i_A + u_{CB} i_C + u_B i_N$$

因此，用三相三线电能表计量三相四线电路有功电能，会漏计的电能是 $u_B i_N$，只要中性线电流存在，就有误差。

4.5　无功电能的计量

4.5.1　无功电能计量的意义

单相电路中无功功率为

$$Q = UI\sin\varphi$$

三相电路中无功功率为

$$Q = Q_A + Q_B + Q_C = U_A I_A \sin\varphi_A + U_B I_B \sin\varphi_B + U_C I_C \sin\varphi_C$$

三相电压对称时，即 $U_A = U_B = U_C = U_{ph}$，$U = \sqrt{3} U_{ph}$，三相电路中无功功率为

$$Q = U_{ph} (I_A \sin\varphi_A + I_B \sin\varphi_B + I_C \sin\varphi_C)$$

三相电路完全对称时，即 $I_A = I_B = I_C = I_{ph} = I$，$\varphi_A = \varphi_B = \varphi_C = \varphi$，三相电路中无功功率为

$$Q = 3U_{ph} I \sin\varphi = \sqrt{3} UI\sin\varphi$$

计量无功电能的目的是为了考核用户的功率因数。国家对容量在 100kVA 及以上与功率在 100kW 及以上的用户考核功率因数，依据功率因数的高低调整电费，以鼓励用户自行采取措施，提高功率因数。考核功率因数 $\cos\varphi$ 的原因在于负载功率因数偏低对电力系统和用户都有重要影响。

（1）不能充分利用发、供电设备的容量，降低了设备的利用率。

根据 $P = UI\cos\varphi = S\cos\varphi$ 可知，当发、供电设备的容量 S 一定时，负载的功率因数 $\cos\varphi$ 越低，发、供电设备发出的有功功率 P 就越少，这样发、供电设备的容量就得不到充分利用，降低了设备的利用率。例如一台容量为 2000kVA 的变压器，当功率因数 $\cos\varphi = 0.7$ 时，变压器输出功率只有 $2000 \times 0.7 = 1400$kW，它所能带动的负载就要比功率因数是 0.9 时带动的负载少得多。

（2）增加输电线路有功损耗和线路电压降。

根据 $P = UI\cos\varphi$ 可知，当负载的功率 P 和电压 U 确定后，则负载的功率因数 $\cos\varphi$ 越低，电流 I 越大，线路损耗 $\Delta P = I^2 R$（R 为线路电阻）越大，线路上的电压降 $\Delta U = I\sqrt{R^2 + X^2}$ 越大。输电线路的有功损耗造成了有功电能的浪费，线路电压降增大导致到达用户的电压 U 低于额定值，降低了电压质量，情况严重的话用户设备不能正常工作。

因此需要对大功率用户考核功率因数，通过经济杠杆促使用户主动进行无功补偿提高功率因数。用户的功率因数是随着有功负载和无功负载的变化而变化的。为了测量用户在一个月的平均功率因数，规定以用户在一个月内有功和无功负载的累积量来计算，即

$$\overline{\cos\varphi} = \frac{W_P}{\sqrt{W_P^2 + W_Q^2}} = \frac{1}{\sqrt{1 + (W_Q/W_P)^2}} \tag{4-3}$$

《功率因数调整电费办法》规定，计算用户功率因数时的无功电能应该是感性无功和容性无功绝对值之和，即

$$W_Q = |W_{QL}| + |W_{QC}|$$

因此感应式无功电能表应有止逆装置，分别计量感性无功和容性无功，同样，电子式无功电能表的感性无功和容性无功也应设置成绝对值相加的方式。四象限有功、无功组合式电能表中的无功计量方式也按上述原则设置。

目前，我国在无功收费方面执行的是力率（又称功率因数）调整电费，根据用电单位的用电性质、容量、计量方式所定的功率因数标准来执行奖罚。先根据式（4-3）算出当月平均功率因数，然后根据计算出的月平均功率因数和国家所制定的不同用户的标准，查国家统一给定的功率因数调整电费数据表，最后计算得

无功奖罚电费 = 当月有功电费 × 查到的奖罚系数

4.5.2 无功电能计量的实现

无功电能的计量可通过感应式无功电能表或电子式电能表的无功计量功能实现。目前系统中的无功电能计量大部分由电子式多功能电能表或智能电能表的无功电能计量功能实现，电子式多功能电能表和智能电能表的接线方式与有功电能表的接线方式相同。感应式无功电能表已逐步被淘汰。

1. 感应式无功电能表

感应式无功电能表分为真无功计量（正弦式无功电能表）和假无功计量（常见的 60°型三相三线无功电能表和跨相 90°型三相四线无功电能表）。

正弦式无功电能表利用产生正比于无功功率的驱动力矩来计量无功电能，所以称为正弦式无功电能表。正弦式无功电能表的优点是适用范围广，单相电路、三相电路均可采用。适用于三相电路所有不对称情况（无论电压是否对称、负载是否平衡）的无功电能计量。正弦式无功电能表的缺点是：自身消耗的功率大、制造成本高、准确度虽一般可达到 1% 但难以进一步提高。所以近年来已很少生产和使用正弦式无功电能表。

内相角 60°型无功电能表的结构特点是在每个电压线圈上串联一个附加电阻 R，通过调整 R 的阻值，并加大电压工作磁通磁路中的空气气隙来降低电压线圈的感抗，使得电压工作磁通 $\dot{\Phi}_U$ 滞后于电压 $\dot{U}$ 的内相角 $\beta = 60° + \alpha_I$，而不是有功电能表的 $\beta = 90° + \alpha_I$，所以称为 60°型无功电能表。图 4-12 所示的二元件 60°型无功电能表，用于计量三相三线制电路的无功电能，不能用于计量三相四线电路中的无功电能，否则要产生线路附加误差。这种电能表有 DX2、DX8 型，接线方式为 $[\dot{U}_{BC}, \dot{I}_A]$、$[\dot{U}_{AC}, \dot{I}_C]$。

图 4-13 所示为三元件 60°型无功电能表，又称为 60°型三相三元件无功电能表，可用于计量三相四线制电路的无功电能。三元件 60°型无功电能表，有三组元件，接线方式为 $[\dot{U}_B, \dot{I}_A]$、$[\dot{U}_C, \dot{I}_B]$、$[\dot{U}_A, \dot{I}_C]$。

带有附加电流线圈的无功电能表结构与三相二元件有功电能表类似，区别在于每组元件的电流铁心上绕有绕制方向和匝数相同的两个电流线圈，所以称为带有附加电流线圈的无功电能表，DX1 型无功电能表就是按此原理制成的。带有附加电流线圈的无功电能表的接线

方式为 $\left[\dot{U}_{BC},\ \dot{I}_A,\ -\dot{I}_B\right]$、$\left[\dot{U}_{AB},\ \dot{I}_C,\ -\dot{I}_B\right]$，三相电压对称的三相三线电路和三相四线电路均可应用带有附加电流线圈的无功电能表计量无功电能，注意：计量无功读数需要除以 $\sqrt{3}$。

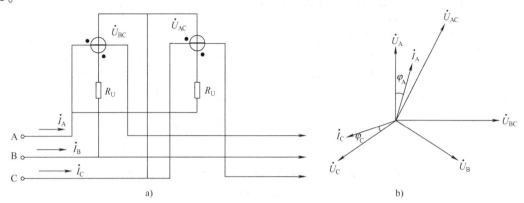

图 4-12　二元件 60° 型无功电能表的原理接线图、相量图

a）原理接线图　b）相量图

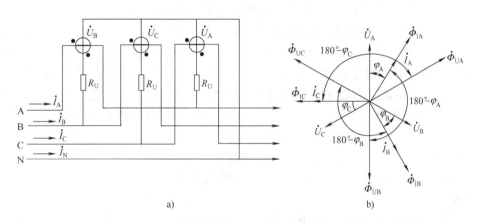

图 4-13　三元件 60° 型无功电能表的原理接线图、相量图

a）原理接线图　b）相量图

跨相 90° 型无功电能表的原理接线图和相量图如图 4-14 所示，结构与三相四线有功电能表完全相同，有三组元件，区别在于接线方式不同。按图 4-14 接线，可测量三相电压对称的三相三线或三相四线电路的无功电能。因为它的接线方法是将每组元件的电压线圈分别跨接在滞后相应电流线圈所接相的相电压 90° 的线电压上，所以称为跨相 90° 型接线。跨相 90° 型无功电能表的接线方式为 $\left[\dot{U}_{BC},\ \dot{I}_A\right]$、$\left[\dot{U}_{CA},\ \dot{I}_B\right]$、$\left[\dot{U}_{AB},\ \dot{I}_C\right]$。

跨相 90° 型无功电能表测得总功率为

$$Q = Q_1 + Q_2 + Q_3 = \sqrt{3}U_{ph}\left(I_A\sin\varphi_A + I_B\sin\varphi_B + I_C\sin\varphi_C\right) = \sqrt{3}Q$$

因此，利用三相四线有功电能表（也可用三只单相有功电能表）计量无功读数需要除以 $\sqrt{3}$，或者改造有功表，在制造电能表时，将每组元件的电流线圈匝数减少至 $1/\sqrt{3}$，即可直接读数，DX9 型属于此类。按跨相 90° 原理制成的三元件三相无功电能表适合在三相电压对称的三相电路（包括三相三线和三相四线）中计量无功电能。

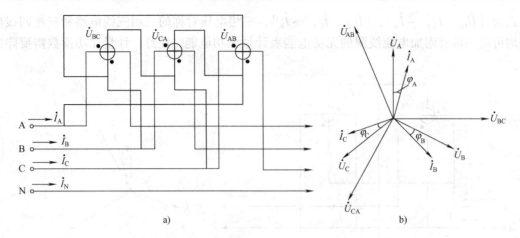

图 4-14　跨相 90°型无功电能表的原理接线图和相量图

a) 原理接线图　b) 相量图

2. 电子式电能表的无功电能计量

由于电能计量进入电子化、数字化和智能化时代，四象限功率得到广泛应用。世界各国对四象限定义的解释不尽相同，现在国际上还有一些国家，将第Ⅳ象限功率定义在平面坐标的左上方。国际电工委员会 IEC1107-62056-21《电能仪表—抄表、费率和负荷控制的数据交换（第 21 部分：局域数据直接交换）》、中华人民共和国国家标准 GB/T 19897.1—2005《自动抄表系统底层通信协议（第一部分：直接本地数据交换)》和电力行业 DL/T 645—2007《多功能电能表通信规约》，对四象限功率定义基本一致，符合平面坐标系相关条件，如图 4-15 所示。从图 4-15 可以看到，坐标轴是以电流为参考相量，电压相量随着负载而变化，从而得到一个功率因数角。四象限电能传输方向为：

Ⅰ象限：消耗有功功率（$P > 0$），消耗感性无功功率（$Q > 0$）。

Ⅱ象限：输出有功功率（$P < 0$），输出容性无功功率（$Q > 0$）。

Ⅲ象限：输出有功功率（$P < 0$），输出感性无功功率（$Q < 0$）。

Ⅳ象限：消耗有功功率（$P > 0$），消耗容性无功功率（$Q < 0$）。

图 4-15　四象限功率定义图

电子式电能表无功计量没有真无功、假无功之说，最常见的计量原理是间接测量法，就是通过功率三角形，测量 S/P，然后测量出无功电能。另一种是移相法，较少采用。目前电力系统中大力推广应用的智能电能表就是电子式四象限电能表的典型代表。智能电能表具有电能计量、信息存储及处理、实时监测、自动控制、信息交互等功能，是实现电能信息采集自动化和智能化最重要的测量仪表。

根据电能传输方向和电力系统实际运行情况，结合功率因数就地平衡原则，组合无功功率可以有以下设置：

（1）计量单纯负载性无功功率为：$Q = |$ Ⅰ象限无功功率$|$（相当于双向仪表的止逆）。

（2）计量单纯负载性无功功率为：$Q = |$ Ⅰ象限无功功率$| + |$ Ⅳ象限无功功率$|$。

（3）计量单纯电源性无功功率为：$Q = |$ Ⅰ象限无功功率$| - |$ Ⅳ象限无功功率$|$。

（4）计量负载电源混合型无功功率为（以输出电能为主）：

$Q = |$ Ⅰ象限无功功率$| - |$ Ⅱ象限无功功率$| - |$ Ⅲ象限无功功率$| - |$ Ⅳ象限无功功率$|$。

（5）计量负载电源混合型无功功率为（以消耗电能为主）：

$$Q = | \text{Ⅰ象限无功功率} | + | \text{Ⅱ象限无功功率} | + | \text{Ⅳ象限无功功率} |。$$

这就是四象限仪表优于双向仪表之处。它使无功电能计量更加接近无功电能实际传输情况，更加符合电力系统运行要求。

4.6　电能计量试验接线盒与电能计量柜（箱）

为了便于现场带负荷轮换表计、接入校验设备查看表计工作、接线错误情况下带负荷更改接线，一般在电能表的联合接线中使用试验接线盒。

从考虑计量性能的角度，电能计量装置计量的准确性取决于电能表、计量用电压、电流互感器及其二次回路。随着人们对电能计量装置的安全性、可靠性的要求提高，电力管理部门及产品设计、研制单位共同开发研制了电能计量柜（箱）用作安装在用户处的电能计量装置。因此，DL/T 448—2000《电能计量装置技术管理规程》规定，电能计量装置包括各种类型电能表、计量用电压、电流互感器及其二次回路、电能计量柜（箱）等，明确了电能计量装置包括电能计量柜（箱）。

4.6.1　电能计量试验接线盒

试验接线盒在电力行业的应用十分广泛，通过试验接线盒将仪表、仪器接入运行中的二次回路中，完成多种不同项目的测试或检验。在电能计量方面，试验接线盒主要应用于带负荷现场校表、带负荷更换电表、在错误接线时不停电更改接线等，另外也有助于防窃电。试验接线盒适用于用电负荷较大，需要对计量装置进行定期现场检验和对电能表定期轮换（更换）检定来保证其准确运行的计费用户。

1. 试验接线盒的结构

试验接线盒分为接线式和插接式两种。常用的是接线式试验接线盒。三相四线试验接线盒的结构示意图如图 4-16 所示，共由 7 组端子组成，其中电压线路用 4 组，每组有 3 只接线端子，左右连通是一个整体，上下是断开的，通过电压连片进行连接或断开。电流线路用 3 组，每组有 3 只接线端子，每只端子上下直通是一个整体，左右是断开的，端子间通过电流连片进行连接或断开。三相三线试验接线盒的结构示意图如图 4-17 所示，结构与三相四线试验接线盒类似，就是电压、电流线路各少了一组。三相四线接线盒也可用于三相三线计量装置，余一组电压线路和一组电流线路不接就可以。另外，试验接线盒的盒盖必须是透明的，便于检查。

2. 试验接线盒的安装

依据相关规范，试验接线盒应安装在电能计量柜（包括计量盘、电能表屏）的内部，一般安装在电能表位置的正下方，与电能表底部的距离为 $100 \sim 200\mathrm{mm}$，以方便电能表及试验接线盒的二次接线及不影响现场检测或用电检查时的安全操作为原则。

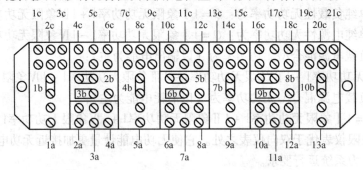

图 4-16　三相四线试验接线盒的结构示意图

注：1a、5a、9a、13a 为电压进线端，(2a、3a、4a)，(6a、7a、8a)，(10a、11a、12a) 分别为一组电流接线端；1b、4b、7b、10b 为电压连片，运行时接通，2b、3b、5b、6b、8b、9b 为电流连片，运行时 2b、5b、8b 接通，3b、6b、9b 断开；(1c、2c、3c)，(7c、8c、9c)，(13c、14c、15c)，(19c、20c、21c) 分别为一组电压出线端，(4c、5c、6c)，(10c、11c、12c)，(16c、17c、18c) 分别为一组电流接线端。

　　试验接线盒的安装分横向和竖向两种。试验接线盒横向安装时，下端为进线端，接线由电压、电流互感器二次侧接入，上端为出线端，接线至电能表表尾，电压连片向下打开。这个道理和刀开关不能倒装是一样的，防止重力作用使刀片下落误接通电源。接线盒竖向安装时，左端为进线端，接线由电压、电流互感器二次侧接入，右端为出线端，接线至电能表表尾。一般情况多选择试验接线盒的横向安装。后面联合接线图中全部采用接线盒的横向安装。

3. 试验接线盒的接线

　　（1）计量装置正常运行时试验接线盒的接线。电能表配合电压互感器的由电压互感

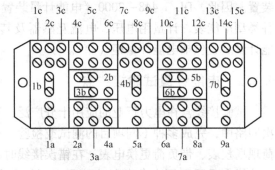

图 4-17　三相三线试验接线盒的结构示意图

器二次侧（没用电压互感器的直接由电源侧）三相电压接入试验接线盒电压线路的下端的进线端，上端的出线端接至电能表表尾的电压接线端子，电压连片向上推为电能表接上电压，即电压连片 1b、4b、7b、10b 运行时接通。如图 4-18 所示，电流互感器二次侧三相电流接入试验接线盒电流线路的下端的进线端，上端的出线端接至电能表表尾的电流接线端子，靠上的电流连片 2b、5b、8b 滑向左侧接通，靠下的电流连片 3b、6b、9b 滑向左侧断开，每相电流互感器出线端（K1）的电流经连片连接流经电能表的电流线圈，再回到末端（K2），构成闭合回路。

　　（2）带负荷现场校表时的接线如图 4-19 所示。试验接线盒电压出线端（接线盒每相电压线路出线端有三个相通的端子，取一个没接线的端子即可）并联至电能表现场校验仪电压线路，电流互感器二次回路利用试验接线盒先串联校验仪电流线路再串联电能表电流线圈，具体顺序是：首先将电流连片 2b、5b、8b 拆开，即向右滑开，3b、6b、9b 接通，短接电流互感器二次回路，然后试验接线盒电流出线端先接校验仪，再经电能表最后回到接线

盒，形成闭合回路，然后再将 3b、6b、9b 拆开，进行校表，现场校验结束后需先将电流连片 2b、5b、8b 滑向左侧，接通后再拆校验仪的电流测试线。

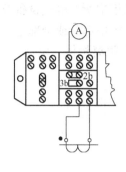

图 4-18　试验接线盒电流线路接线图

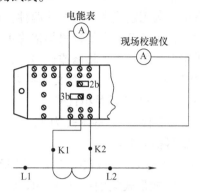

图 4-19　带负荷现场校表时的接线图

（3）电能表发生故障或周期轮换检定时，可以通过试验接线盒实现带负荷更换电能表。首先将试验接线盒三相电压线路的电压连片 1b、4b、7b、10b 向下打开，使电能表的电压线圈无电压，再将电流线路的靠下的电流连片 3b、6b、9b 滑向右侧接通，将电流互感器二次回路短路，这样就可以进行换表，电能表更换完毕，应立即对更换电能表后的计量装置进行检查或检验，保证其正常运行，最后将试验接线盒的接线恢复到运行状态。

（4）接线错误情况下更改接线时试验接线盒的接线。用电检查发现有错误接线时，利用接线盒，可以方便地带负荷更改接线。更改电能表的电压接线时，将试验接线盒中改动相的电压线路松开，可以松开端子的螺钉或者将电压连片向下打开。更改电流接线时，将试验接线盒中改动相的电流线路短接，将靠下的电流连片滑向右侧接通，使二次电流不流入电能表，然后开始更改电能表接线，更改完毕，与带负荷换表时后续处理相同。

4. 应用试验接线盒的注意事项

（1）应用试验接线盒接线时切忌将电流接线端子上下对应连接，即电流不准直通，因为这样就无法进行带负荷现场校验。

（2）带负荷现场校表及带负荷现场换表时，试验接线盒中连片位置一定要准确无误，哪些断开、哪些接通必须正确。因为这是带电操作，必须谨慎小心，并认真执行《电业安全工作规程》中相关规定。

（3）带负荷更换电能表时，要准确记录更换时间，从断开电压端子接线开始，到更换后电能表恢复正常运行时结束，据此计算因电能表停转所产生的追补电量。

（4）试验接线盒使用完毕，必须核查其接线是否恢复到正常运行状态，要对试验接线盒盖板加封，并清理工作现场。

4.6.2　电能计量柜（箱）

1. 产品分类及型号

电能计量柜是对计费电力用户用电计量和管理的专用柜，按结构不同分为分体式和整体式。分体式电能计量柜将计量互感器和电能表分别装于不同场所，包括计量互感器柜（户外互感器不设柜）和计量仪表柜两个部分，两者用电缆相连。整体式电能计量柜是把所有的电气设备及部件都装设在一个（或几个并列构成一体）电气、机械结构组合的金属封闭高、低压柜（箱）内。为了和相邻的电源进线柜（箱）的外形和功能协调配合，整体式电能计量柜分为固定式和可移开式两种。固定式电能计量柜的柜中所有电气设备及部件安装后不可移动；可移开式电能计量柜俗称手车式柜或抽出式柜，柜中部分或全部电气设备及部件装在手车上或抽屉中，检修或试验时，可将小车或抽屉拉出脱离柜体。电能计量柜有 PJ 系列和 PML 系列，具体型号含义如图 4-20 所示，具体如下：

（1）PJ 是电能计量柜代号。

（2）系列编号：整体式为 1，计量仪表柜为 2，计量互感器柜为 2H。

（3）额定电压：以数字表示，以 kV 为单位。

（4）结构形式类别：以 A、B、C 等英文字母顺序编排。

（5）方案编号：前为英文字母，后为两位数字。PML 与 PL 型号类似。

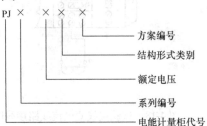

图 4-20　电能计量柜型号示意图

例如 PJ1-Z 整体柜式低压计量柜适用于户内正常使用的交流 50Hz、额定工作电压 380V、额定工作电流 630A 及以下的配电和计量用。PJ2-D 分体柜式高压计量柜适用于户内正常使用的交流 50Hz、额定工作电压 100V（380V），作为分体高（低）压电能计量。PML1 整体柜式低压计量柜适用于户内正常使用的交流 50Hz，额定工作电流 630A 及以下的高层、小高层住宅的成套计量配套装置。

2. 结构要求及使用条件

柜体结构要求：计量柜的基本结构、框架型式等应力求与配用的高、低压开关柜相同。计量用电能表、电压、电流互感器及其二次回路、失电压计时仪、通信模块、接口等，应装设在可封闭的计量柜的柜内（户外互感器除外）。外形尺寸方面要求：各类电能计量柜外形尺寸、安装尺寸应与配合使用的高压、低压开关柜协调一致。高、低压计量柜前门观察窗尺寸应能满足清晰地观察到电能表、失电压计时仪、试验接线盒及接线部分等的需要；低压计量柜后门观察窗尺寸应能满足观察互感器的铭牌及二次接线的需要。

使用条件：环境温度：−5 ~ 40℃，并且在 24h 内平均温度不超过 35℃；相对湿度：20℃时不应高于 90%，40℃时不应高于 50%；海拔不超过 2000m；倾斜度：对柜体不应超过 3°，对电能表不应超过 1°。

3. 计量柜设计选型

DL/T 448—2000《电能计量装置技术管理规程》规定：安装在用户处的贸易结算用电能计量装置，10kV 及以下电压供电的用户，应配置全国统一标准的电能计量柜或电能计量箱；35kV 电压供电的用户，宜配置全国统一标准的电能计量柜或电能计量箱。

容量在 100 ~ 315kVA（不含 315 kVA）且供电方案确定为低压计量的用户应采用低压电能计量柜方式计量，容量在 315 kVA 及以上的用户应采用高压电能计量柜方式计量。

4. 电能计量柜的配置原则

（1）按配电装置进出线方式和方向选择一次接线方案，按照《电能计量柜设计安装手册》确定计量柜型号。

（2）10kV、35kV 用户配电室选用成套开关柜及相同电压等级的整体式电能计量柜，计量柜置于进线开关柜之后。

（3）对于双电源供电的用户，在每个电源回路配置一个计量柜。

（4）0.38kV 低压整体式电能计量柜的装设位置：大负荷用户，设有单独低压开关柜，计量柜布置在进线柜后，后面是配电柜；较小负荷用户，没有单独的低压开关，采用内设进线的电能计量柜，后面是配电柜；很小负荷用户，无须配置配电柜，采用带有进线开关和馈线开关的计量柜，电能计量柜单独安装。

（5）采用分体式电能计量柜的场合：35kV 以上电力用户采用分体式计量柜；0.38 ~ 35kV 电力用户无法采用整体式电能计量柜情况下，或用户处设有专人值班的集中控制室，为了便于维护管理，可采用分体式计量柜。

（6）居民照明集中装表采用电能计量箱，计量箱跟电能计量柜的区别就在于没有互感器，相当于计量仪表箱。

4.7　电能计量装置联合接线

高电压大电流系统电路中，用于测量电能的各类型电能表必须安装在电流、电压互感器的二次回路中。为了减少互感器的投资，以及便于现场校表、便于带负荷更换电能表，便于在错误接线时不停电更改接线，一般都不单独为每一只电能表配置一套电压、电流互感器，而是采用电能表的联合接线。

电能表的联合接线是在电流互感器二次回路中同时接入有功、无功电能表及其他有关测量仪表，或者是在电压、电流互感器二次回路中同时接入有功、无功电能表及其他有关测量仪表。

1. 电能计量装置联合接线注意事项

实现电能表和互感器的联合接线，必须注意以下几点要求：

（1）所有电能表的接线方式在联合接线中仍然适用，且所有的电流线圈串联在电流二次回路中，电压线圈应并联。

（2）电压、电流互感器二次回路须有专用的试验端子，装设专用的试验接线盒，以便带负荷校表、换表、换接线，防止电压互感器二次回路短路或电流互感器二次回路开路。

（3）计量互感器二次回路或专用二次绕组不得接入与电能计量无关的装置。DL/T 448—2000《电能计量装置技术管理规程》规定，优先采用配置计量专用电压互感器、电流互感器的方案，计量专用二次回路不得与保护、测量回路共用，除可接入电压失电压计时器外，不得接入其他用途的测量仪器仪表。新建电源、电网工程的电能计量装置应采用专用电压、电流互感器的配置方式，对在用电能计量装置，有条件时也应逐步改造，不宜改造的，可采用专用二次绕组的配置方式。非并列运行线路不允许共用电压互感器。

（4）电压、电流互感器应有足够的容量和准确度，以保证计量的准确。

（5）电压、电流互感器使用注意事项在联合接线中仍然适用，互感器为减极性，电压互感器二次回路严禁短路，电流互感器二次回路严禁开路，电压二次回路应可靠接地，低压电流二次回路可不接地，其余情形电流互感器二次回路必须接地。

（6）电压互感器应接在电流互感器的电源侧，原因是将电压互感器并联在电流互感器的负载侧，电压互感器一次绕组电流必然通过电流互感器的一次绕组，使得电能表多计了不是负载所消耗的电能。互感器应装在变压器的同一侧，高供高计计量方式是接在受电变压器的高压侧，高供低计计量方式是接在受电变压器的低压侧。

（7）电压互感器熔断器的安装问题、互感器二次回路的连接导线问题，请参见 1.2 节有关电能计量装置的配置原则。

（8）互感器二次回路导线颜色：相线 A、B、C 分别采用黄、绿、红分色线，中性线采用黑色线，接地线采用带有透明塑料护套的铜软线。

（9）联合接线中采用的多只电能表，条件允许的话尽量更换为电子式多功能电能表或四象限多功能电能表或目前大力推广应用的智能电能表，这样接线会简单很多。

2. 电能表与电流互感器的联合接线

图 4-21 所示为低压大电流用户计量有功及感性无功电能，采用经电流互感器接入式分相接线方式接线图，电能表采用三相四线多功能电能表。这种接线方式适用于低压三相四线电路中有功和无功电能的计量。由于是低压系统，TA 二次回路不接地。也可参看《电能计量装置接线图集》P12 图。计量方式是三相有功：$[\dot{U}_A, \dot{I}_a]$、$[\dot{U}_B, \dot{I}_b]$、$[\dot{U}_C, \dot{I}_c]$；三相无功：$[\dot{U}_{BC}, \dot{I}_a]$、$[\dot{U}_{CA}, \dot{I}_b]$、$[\dot{U}_{AB}, \dot{I}_c]$。

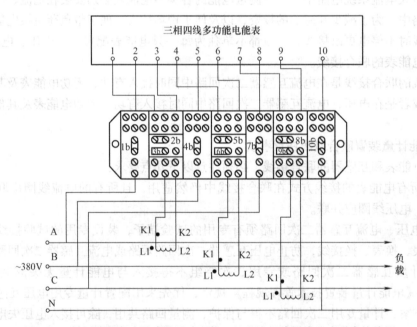

图 4-21　低压计量有功及感性无功电能，经电流互感器接入式联合接线图

3. 电能表与电压、电流互感器的联合接线

图 4-22 所示是三相二元件有功电能表与电压、电流互感器的联合接线图。三相二元件有功电能表接线方式为 $[\dot{U}_{ab}, \dot{I}_a]$、$[\dot{U}_{cb}, \dot{I}_c]$，电压互感器采用 V/v 接线，电流互感器采用分相接线，2 台电流互感器四线连接，电压互感器和电流互感器二次侧要可靠接地，且只能有一个接地点。

《电能计量装置接线图集》P29 图为计量三相三线有功及感性无功电能的联合接线图，无功电能表采用带有止逆器的二元件 60° 型无功电能表，电能表配合电压、电流互感器计量。计量方式是有功电能：$[\dot{U}_{ab}, \dot{I}_a]$、$[\dot{U}_{cb}, \dot{I}_c]$，无功电能：$[\dot{U}_{bc}, \dot{I}_a]$、$[\dot{U}_{ac}, \dot{I}_c]$，使用了试验接线盒。这种接线方式适用于单方向感性负载的高压三相三线用户的有功电能和无功电能计量。《电能计量装置接线图集》P33 图为计量三相三线有功及感性、容性无功电能的联合接线图，这种接线方式适用于具有无功补偿的单反向感性负载的高压三相三线用户的有功电能和无功电能计量。

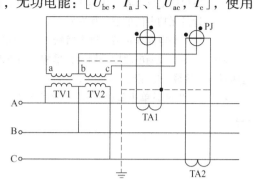

图 4-22　三相二元件有功电能表与电压、
电流互感器的联合接线图

具有双向潮流的计量点应该采用两套表计的联合接线，如图 4-23 所示。采用两只三相有功电能表和两只三相无功电能表实现双向计量。实际接线图可参见《电能计量装置接线图集》P37 图：三相三线系统计量受进、送出电能联合接线图。

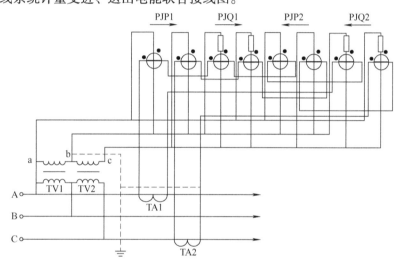

图 4-23　两套表计的联合接线图

习　题　4

4-1　单相有功电能表按标准接线方式接线时，若负载为容性，用相量图判断转盘的转向。

4-2　试画出三相三线有功电能表的原理接线图和实际接线图。

4-3　DTSD341 型电能表的对外接线方式如图 4-24 所示，试画出该表与电压互感器、电流互感器的联合接线图。

4-4　某工业用户，10kV 供电，有载调压变压器容量为 160kVA，功率因数标准值应为 0.90，该户的调整率为 5%，已知某月该户有功电能表抄电量为 40000kW·h，无功电能表抄电量为正向 25000kvar·h，反向 5000kvar·h，试求该用户当月功率因数调整电费为多少？（设工业用电电价为 0.75 元/kW·h）

4-5　某 110kV 工业用户，变压器容量 30MVA，采用高供高计，选择最大需量方式计费，请配置电能计量装置。

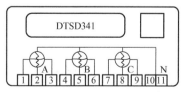

图 4-24　习题 4-3 图

4-6　客户用电设备容量在 100kW 及以下或需用变压器容量在 50kVA 及以下者，可采用什么方式供电？

4-7　计量无功电能的意义何在？

4-8　什么是电能计量装置联合接线？联合接线应该遵守哪些基本规则？

4-9　三相三线制电路中采用两只单相有功电能表按二表法测量有功电能，若两只表均正转，是否说明这两只表的接线一定正确？为什么？

4-10　画出两只单相 220V 有功电能表计量 380V 电焊机有功电能的接线图和相量图，并写出功率表达式。

第5章 电能计量装置的接线检查及退补电量计算

接线正确是保证电能计量装置准确计量的必要条件。如果接线错误，即使电能表、互感器本身准确度很高，也会出现百分之几甚至百分之几百的误差，或出现不计量、反向计量的情况，甚至发生仪表损坏及人身伤亡事故。因此，接线检查是必要的。

接线检查分为停电检查和带电检查。新装或更换互感器以及二次回路的电能计量装置投入运行之前，都必须在停电的情况下进行接线检查。对于运行中的电能计量装置，当无法判断接线正确与否或需要进一步核实带电检查的结果时，也要进行停电检查。对于所有已经过停电检查的电能计量装置，在投入运行后首先应进行带电检查。对于正在运行中的电能计量装置也应定期进行带电检查，以保证接线的正确性。

5.1 互感器的接线检查

5.1.1 互感器的停电检查

确定没有带电的互感器及其所连接的电气回路是否完好的过程，称为互感器的停电检查。停电检查前应遵照《电业安全工作规程》，采取技术组织措施，确保人身和电气设备安全，防止计量装置在停电期间突然带电。互感器停电检查一般应包括下述内容。

1. 检查互感器的极性

电压互感器、电流互感器都应按减极性接线，否则会造成错误计量。检查核对互感器的极性标志是否正确，一般现场都采用直流法进行试验。

利用直流法测量单相电压互感器的极性，可用干电池和直流电压表按图5-1的方式接线。将电池的"＋"极接在单相电压互感器一次侧的"A"，电池"－"极接一次侧的"X"；将直流电压表的"＋"极接在单相电压互感器二次侧的"a"，电压表"－"极接二次侧的"x"。在合上开关S的瞬间直流电压表应正向指示，在打开开关S的瞬间直流电压表应反向指示，则其极性标志正确。否则其极性标志错误。

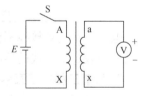

图5-1　直流法测量单相电压互感器极性

利用直流法测量电流互感器的极性，接线如图5-2所示。将电池的"＋"极接在电流互感器一次侧的"L1"，电池"－"极接一次侧的"L2"；将电流表的"＋"极接电流互感器二次侧的"K1"，电流表"－"极接二次侧的"K2"。在开关S合上的瞬间电流表应正向指示，在打开开关S的瞬间电流表应反向指示，则其极性标志正确。否则其极性标志错误。

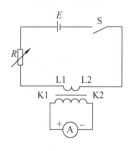

图5-2　直流法测量电流互感器极性

2. 核对端子标志

电力系统中以黄、绿、红三色区别 A、B、C 三相的相别，进行互感器接线检查时，应首先校对电压、电流互感器一次绕组相别是否与系统相符。再根据电流互感器一次侧接线端子的电源线、负载线及电流互感器的极性标志，确定由电流互感器到电能表接线端子间的连接导线的相别及对应的标号。

从电压、电流互感器二次端子到表盘的端子排，再到电能表接线盒间的所有接线端子，都有专门的标志符号，且需要标记在二次回路的接线图中，以供接线或检查接线时核对。例如，符号 I TAa，表示第一组电流互感器 a 相，它应同时标在电流互感器 a 相二次引出线的端头、电能表 a 相引出线的端头以及端子排的接线端头上。

3. 二次导线导通试验

竣工检查或停电检修都要通过导通试验检查二次导线连接是否正确，是否导通。试验方法可采用图 5-3 所示的万用表法或电池、灯泡法（通灯）。图 5-3 中将电缆线两头线端拆开，再将户外每个线端分别接地或接电缆铅皮，户内每个线端也依次接地或接铅皮。当接于线路的万用表（放在欧姆档上）有指示或小灯泡发亮时，则对应的那相端头为同相。试验操作需两个人，当两人距离较远时可用电话联系。

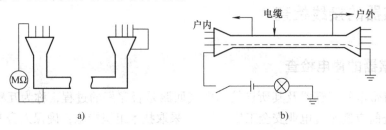

a)　　　　　　　　　　　　　　　　b)

图 5-3　二次导线导通试验

a）万用表法　b）电池、灯泡法

4. 二次导线绝缘试验

电能计量装置接线不仅要求二次导线连接正确，且要求各导线间、导线对地均有良好的绝缘。一般二次导线的绝缘电阻应不低于 10MΩ。测定绝缘电阻可用 500V 或 1000V 兆欧表。

5. 检查三相电压互感器的联结组标号

三相电压互感器有星形即 YNyn、Yy 和开口角形即 V/v 等接线形式。YNyn 接线的三相电压互感器常用三台单相电压互感器接成，如图 5-4 所示；V/v 接线的三相电压互感器可由两只单相电压互感器接成，如图 5-5 所示，它们都应按减极性接线。

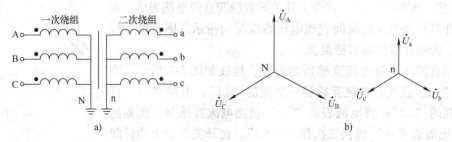

a)　　　　　　　　　　　　　　　　b)

图 5-4　三相电压互感器 YNyn 原理接线图及其相量图

a）原理接线图　b）相量图

由相量图可见，一次电压与相应的二次电压相位相同。若以时钟的长、短针相互位置关系来比喻一、二次相应电压相量的相位关系，图 5-4、图 5-5 所示接线为 0，即 12 组别。可用直流法或交流法判断三相电压互感器的接线是否为 12 组别。

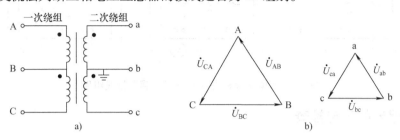

图 5-5　三相电压互感器 V/v 原理接线图及其相量图

a) 原理接线图　b) 相量图

（1）直流法。按图 5-6 接线，在三相电压互感器的一次侧 AB 间，接 1.5～3V 的干电池，当合上开关 S 的瞬时，在二次侧从电压表上分别察读 ab、bc、ac 间的电压极性（电压表正向指示为 "＋"，反向指示为 "－"），然后再依次加电压于 BC、AC 之间，重复上述观察读数，当电压表指示的极性如表 5-1 所示时，被试三相电压互感器的联结组标号即为 0，即 12。

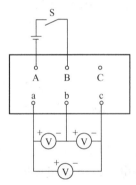

图 5-6　直流法检查三相
电压互感器接线组别

表 5-1　三相电压互感器为 12 接线组别
时电压表极性

二次＼一次	AB	BC	AC
ab	＋	－	＋
bc	－	＋	＋
ac	＋	＋	＋

（2）交流法。按图 5-7 接线，将已标出的一次侧 A 端与二次侧 a 端用导线短接，三相电压互感器的一次侧接三相交流电压（不超过 400V），测量电压 U_{bB}、U_{bC}、U_{cB}，将测得的电压值与计算结果相比较，便可判断被试电压互感器的联结组标号。当三相电压互感器联结组标号为 12 时，电压 U_{bB}、U_{bC}、U_{cB} 的计算值为

$$U_{bB} = U_2(K - 1)$$

$$U_{bC} = U_{cB} = U_2 \sqrt{1 - K + K^2}$$

式中，U_2 为二次侧线电压；K 为被试互感器额定变比。

6. 检查互感器的配置

根据线路的实际情况、客户的用电性质，检查互感器的配置是否符合本书 1.2 节所介绍的《电能计量装置技术管理规程》（DL/T 448—2000）中，第 5.4 节所规定的 "电能计量装置的配置原则" 中有关互感器、二次回路的有关规定。

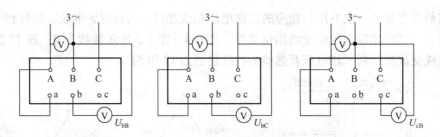

图 5-7　双电压表检查三相电压互感器接线组别

5.1.2　互感器的带电检查

利用电压表、电流表，通过测量互感器二次侧线电压、电流值来判断互感器接线情况，称为互感器的带电检查。对运行中的电能计量装置，在下列情况下应进行带电检查接线：

（1）新安装的电能表和互感器。

（2）更换后的电能表和互感器。

（3）电能表和互感器在运行中发生异常现象。

带电检查是直接在互感器二次回路上进行的工作，一定要严格遵守电力安全规程，特别要注意电流互感器二次回路不能开路，电压互感器二次回路不能短路。

为方便从测量结果判断互感器接线情况，先分析互感器各种错误接线情况下的相量图和二次侧线电压、电流值。

1. 电压互感器的各种错误接线

（1）电压互感器一次侧断线。

三相电压互感器有星形即 YNyn、Yy 和开口角形即 V/v 等接线形式。正常情况下，几种接线形式电压互感器的二次线电压都为 100V，即 $U_{ab} = U_{bc} = U_{ca} = 100V$，且是对称的三相线电压，其相量图如图 5-4b 或图 5-5b 所示。

1）电压互感器为 V/v 联结，一次侧 A 相或 C 相断线，如图 5-8a 所示。由于 A 相断线，故二次侧对应绕组无感应电动势，所以 $U_{ab} = 0$。a、b 两点等电位，ab 绕组如同一根导线。一次侧 BC 绕组正常，故二次绕组 bc 间有感应电动势，$U_{bc} = 100V$。因 a、b 是等电位，所以 $U_{ca} = U_{bc} = 100V$。相量图如图 5-8b 所示。

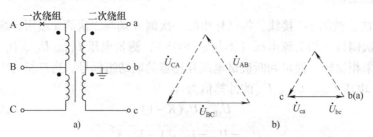

图 5-8　电压互感器 V/v 联结，A 相断线

a）原理接线图　b）相量图

2）电压互感器为 V/v 联结，一次侧 B 相断线，如图 5-9a 所示。B 相断线，对两个互感器来讲，如同是单相串联，外加电压只有 U_{CA}。此时一、二次电压比为

$$\frac{U_{CA}}{U_{ca}} = \frac{4.44f\phi(2N_1)}{4.44f\phi(2N_2)} = \frac{N_1}{N_2}$$

电压比不变，故二次侧对应的线电压 $U_{ca} = 100V$。如果两个互感器的励磁阻抗完全相等，则 b 点就是一个中心抽头，所以 $U_{ab} = U_{bc} = U_{ca}/2 = 50V$。相量图如图 5-9b 所示。

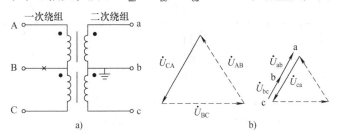

图 5-9　电压互感器 V/v 联结，一次侧 B 相断线

a) 原理接线图　b) 相量图

3）电压互感器为 YNyn 联结，一次侧 A 相（或 B 相、C 相）断线，如图 5-10 所示。A 相断线，所以 a 相绕组无感应电动势，故 $U_{an} = 0$，a 点与 n 点等电位。在相量图上，a 和 n 是一点，如图 5-10b 所示。从图中得到 $U_{ab} = U_{ca} = 57.7V$，而 U_{bc}（与断相无关的线电压）仍然为 100V。

同理可推得 B 相断线时，$U_{ab} = U_{bc} = 57.7V$，而 $U_{ac} = 100V$。

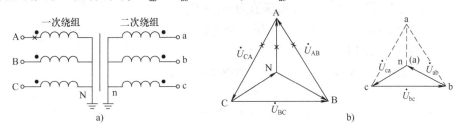

图 5-10　电压互感器 YNyn 联结，一次侧 A 相断线

a) 原理接线图　b) 相量图

（2）电压互感器二次侧断线。

三相电压互感器呈星形即 YNyn 联结，其二次侧接三相四线三元件电能表；三相电压互感器呈开口角形即 V/v 联结，其二次侧接三相三线两元件电能表。

1）电压互感器为 V/v 联结，二次侧空载。当二次侧某相断线时，断线相与其他相之间不构成回路，二次侧测不到电压，而两个非断线相之间的电压为 100V。

图 5-11a 所示为二次侧 a 相断线，则 a 与 b、c 与 a 之间没有构成回路，二次侧测不到电压；$U_{bc} = 100V$。若是二次侧 c 相断线，则 b 与 c、c 与 a 之间没有构成回路，二次侧测不到电压；$U_{ab} = 100V$。

图 5-11b 所示为二次侧 b 相断线，则 a 与 b、b 与 c 之间没有构成回路，二次侧测不到电压；$U_{ca} = 100V$。

2）电压互感器为 V/v 联结，二次侧有载。二次侧 a 相或 c 相断线时，二次侧测得电压的情况与空载时完全相同。二次侧 b 相断线，如图 5-11c 所示，其中 PJ 表示电能表的电压元件。二次侧测得电压的情况与"电压互感器为 V/v 联结，一次侧 B 相断线"完全相同，$U_{ca} = 100\text{V}$，b 点是一个中心抽头，$U_{ab} = U_{bc} = U_{ca}/2 = 50\text{V}$。

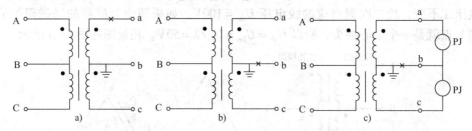

图 5-11　电压互感器 V/v 联结，二次侧断线

a）a 相断线　b）b 相断线　c）b 相断线二次有载

3）电压互感器为 YNyn 联结，二次侧断线。无论二次侧空载或接三相四线三元件电能表，断线相与其他相之间不构成回路，二次侧测不到电压，而两个非断线相之间的电压为 100V。图 5-12 是 YNyn 联结电压互感器二次侧 a 相断线的情况，与图 5-11a 所示电路的二次测量电压完全一样。

（3）电压互感器绕组的极性接反。

电压互感器绕组的连接形式有星形即 YNyn 和开口角形即 V/v 等形式，其正确接线方式及相量图如图 5-4、图 5-5 所示，此时电压互感器二次线电压值为 $U_{ab} = U_{bc} = U_{ca} = 100\text{V}$。若互感器的一次侧或二次侧任一个绕组极性相反，则互感器的二次线电压值就有所变化。

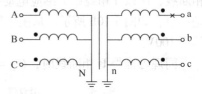

图 5-12　电压互感器 YNyn，
二次侧断线

1）电压互感器为 V/v 联结，二次侧 ab 相极性接反，如图 5-13 所示。由图 5-13a 可见，二次绕组 b 与一次绕组 A 成为同名端相，因此二次电压 $\dot{U}_{ba'}$ 相量与一次电压 $\dot{U}_{AB}$ 相对应，而 $\dot{U}_{ba'} = -\dot{U}_{a'b}$ 即此时 $\dot{U}_{a'b}$ 的相量与正确接线时的相量方向相反，如图 5-13b 所示。连接 a'c 即得 $\dot{U}_{ca'}$，同样组成一个头尾相连的闭合三角形，此时的 $\dot{U}_{ca'}$ 大小为 173V，相位滞后正常接线时 $\dot{U}_{ca}$ 90°。

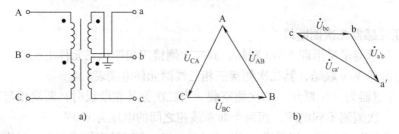

图 5-13　ab 相绕组极性接反

a）原理接线图　b）相量图

同理，可得出当二次侧 bc 相接反时的情况。在画相量图时，将反接相的电压 $\dot{U}_{bc}$ 反相（与正确接线时的相量相反），然后连接 ac'，就得 $\dot{U}_{c'a}$。此时二次线电压值为

$$U_{ab} = U_{bc'} = 100\text{V}, \quad U_{c'a} = 173\text{V}$$

如果是一次侧 AB 相极性接反，结果和二次侧 ab 相极性接反相同。

结论：电压互感器采用 V/v 联结时，若二次侧或一次侧的任一个绕组极性接反，其二次电压 U_{ab}、U_{bc} 仍为 100V。而 U_{ca} 为 173V，线电压升高 $\sqrt{3}$ 倍，相位滞后或超前正常接线时 $\dot{U}_{ca}$90°。

2）电压互感器为 YNyn 联结，二次侧 a 相绕组极性接反，如图 5-14 所示。由于 a 相接反，因此 $\dot{U}_{a'}$ 的相位与 $\dot{U}_a$ 相反，如图 5-14b 所示。从相量图中得到，$U_{bc} = 100V$，而 $U_{a'b} = U_{ca'} = 57.7V$。

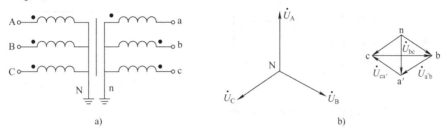

图 5-14　a 相绕组极性接反
a）原理接线图　b）相量图

如果是一次侧 A 相极性接反，结果和二次侧 a 相极性接反相同。

结论：电压互感器采用 YNyn 联结时，若二次或一次的任一个绕组极性接反，则与反接相有关的线电压为 57.7V，而与反接相无关的线电压仍为 100V。

从相量图中可以得到上述结论，不必死记。相量图绘制的方法是：将反接相的相量（例如 b 相极性接反，则将 $\dot{U}_b$）反相 180°，按照反相后的 a、b、c 三点得到 $\dot{U}_{ab'}$、$\dot{U}_{b'c}$ 和 $\dot{U}_{ca}$（若 b 相反接，则 $U_{ab'} = U_{b'c} = 57.7V$，$U_{ca} = 100V$）。

2. 带电检查电压互感器

带电检查电压互感器的步骤如下：

（1）测量电压回路的各二次线电压。

在正确接线情况下，三个线电压值基本相等，即 $U_{ab} = U_{bc} = U_{ca} = 100V$；若发现三个线电压值不相等，且相差较大，则说明电压互感器的一、二次绕组有断线（或熔丝熔断）或绕组极性接反等情况，简述如下：

1）V/v 联结的电压互感器，当线电压中有 0V、50V 等出现时，可能是一次绕组或二次绕组有断线。当有一个线电压是 173V 时，则说明有一台互感器绕组的极性接反。

2）YNyn 联结的电压互感器，当线电压中有 57.7V 出现时，可能是一次绕组有断线或一台互感器绕组的极性接反。

（2）测量三相电压的相序。

正确的三相电压相序应是正序，即 a-b-c。如果是负序将产生错误计量。可用相序表测定电压的相序。

（3）检查接地点和定相别。

电压互感器的二次回路均应接地：YNyn 联结的互感器其中性点接地；V/v 联结的互感器其 b 相接地。为此可用一只电压表，其一端接地，另一端可依次接到电能表的三个电压端钮，如图 5-15 所示。根据所测得的电压指示值来判断电压互感器的接地情况及定相别。

1）电压表的三次测值其指针均不指示，说明电压互感器二次侧没有接地，电压表未构成回路，故无指示。

2）电压表的三次测值中有两次指示100V、一次指零时，说明是两台单相电压互感器为V/v联结，电压表指示值为零的一相是b相，根据相序，就可定出a相和c相。

3）电压表的三次测值均为57.7V，说明互感器是YNyn联结，中性点接地。

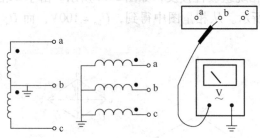

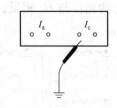

图5-16　检查电流互感器
二次侧接地点示意图

图5-15　检查电压互感器二次侧接地点示意图

3. 带电检查电流互感器

判断电流互感器接地回路正确与否，可通过下述方法：用一根短接线，一端接地，另一端依次与电能表的电流端连接。短接线与不接地的端钮连接时，电流线圈被接地线短路了，使电流元件中的电流被分流，电能表测量的功率减小；与接地的端钮连接时，电能表测量的功率不变。因此通过这个方法可判断出哪个端钮接地。

5.2　电能表的接线检查

在检查电能表的接线时，一定要严格遵守电能表安装现场的安全工作制度，特别注意防止因检查接线而引起电压互感器二次绕组短路或电流互感器二次绕组开路！

单相有功电能表只有一个电能计量单元元件，接线较为简单，因此错误接线时容易被发现。这里不作介绍。

5.2.1　三相四线有功电能表的接线检查

三相四线电能表由三个单相电能测量单元组成，可视为三只单相电能表，因此可以采用分相法来检查其接线正确与否。

所谓分相法，是保持其中任一元件的电压和电流，而断开其他元件所加的电压。在正确接线的情况下，电能表应正向计量，若三相负荷对称，电能计量指示脉冲频率约为原来的1/3，若相差较大，则可能有错误接线。

例如，b相电压接到a相的电压元件，这样a相计量单元所加电压、电流为 $[\dot{U}_b, \dot{I}_a]$，在断开b相、c相元件所加的电压后，根据图5-17所示相量图，电能表所测功率为

$$P = U_b I_a \cos(120° - \varphi_a)$$

一般 $\varphi_a < 30°$，所以 P 为负值，故电能表反向计量。

若c相电压接到a相的电压元件，则

$$P = U_c I_a \cos(120° + \varphi_a)$$

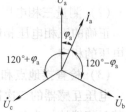

图5-17　b相电压接到
a相电压元件相量图

也是负值。

三相四线电能表的错误接线比较容易被发现。

5.2.2　三相三线有功电能表的接线检查

可采用下述简便方法检查三相三线有功电能表的接线是否正确。

1. b 相电压法

三相三线有功电能表的正确接线为 $[\dot{U}_{ab}, \dot{I}_a]$ 和 $[\dot{U}_{cb}, \dot{I}_c]$，相量图如图 5-18 所示。在三相电压对称、三相负载对称的条件下，电能表所测功率为

$$P = \sqrt{3}UI\cos\varphi$$

b 相电压法是将电能表的 b 相电压断开，然后观察电能表所测功率大小，判断电能表接线是否正确。断开 b 相电压后，加在电能表两个电压元件上的电压总和为 $\dot{U}_{ac}$，而第一元件上的电压是 $\dot{U}_{ac}/2$，第二元件上的电压是 $-\dot{U}_{ac}/2$ 即 $\dot{U}_{ca}/2$，如图 5-19 所示。此时电能表测得的功率 P' 为

$$P' = \frac{1}{2}U_{ac}I_a\cos(30° - \varphi_a) + \frac{1}{2}U_{ca}I_c\cos(30° + \varphi_c)$$

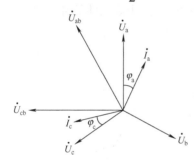

图 5-18　三相三线电能表正确接线时的相量图

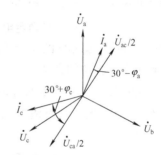

图 5-19　断 b 相电压时的相量图

在三相电压对称、三相负载对称的条件下，$I_a = I_c = I$，$\varphi_a = \varphi_c = \varphi$，$U_{ac} = U$，则

$$P' = \frac{1}{2}\sqrt{3}UI\cos\varphi = \frac{1}{2}P$$

即正确接线的电能表，在断开 b 相后，电能表所测功率为正常值的 1/2。

根据上述原理，用一只秒表测定电能表发出 N 脉冲所需时间为 t_0，然后再测定电能表在断开 b 相后发出同样的脉冲 N 所需的时间为 t_b，若 $t_b/t_0 = 2$，说明电能表接线正确。由于三相电压和三相电流实际上不可能完全对称，负荷也有些波动，一般当 $t_b/t_0 = 1.6 \sim 2.4$ 时，就认为是正确接线。

2. 电压交叉法

如果负荷不够稳定，可用电压交叉法检查接线。电压交叉法，是将电能表的电压端钮接线 a 相和 c 相对调，若电能表停止计量或很缓慢地计量，说明电能表的接线是正确的。将电能表电压端钮 a 和 c 连接的两根电压线互相交换后，即按 $[\dot{U}_{cb}, \dot{I}_a]$ 和 $[\dot{U}_{ab}, \dot{I}_c]$ 连线，据此画出相量图如图 5-20 所示。根据相量图，电能表所测功率 P' 为

$$P' = U_{cb}I_a\cos(90° + \varphi_a) + U_{ab}I_c\cos(90° - \varphi_c)$$

在三相电压对称、三相负载对称的条件下，$I_a = I_c = I$，$\varphi_a = \varphi_c = \varphi$，$U_{cb} = U_{ab} = U$，则

$$P' = 0$$

故电能表停止计量。若三相电压和三相电流不完全对称，电能表会很缓慢地计量。

上述两种方法是比较简便的，但是对某些错误接线方式是检查不出来的。如当有 b 相电流流入电能表电流线圈的错误接线时，在断开 b 相电压后，其计量功率也是全电压时计量功率的 1/2，因此不能用其来作正确判断。其次，用上述两种方法即使可以判断出电能表是错误接线，但不能判断是属于哪一种错误接线。

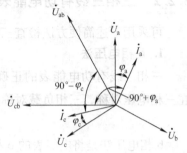

图 5-20　电压交叉时的相量图

3. 六角图法判断电能表的实际接线

b 相电压法和电压交叉法，在某些接线情况下可以判断该种接线是否为错误接线，但不能确定是哪一种形式的错误接线。六角图法是检查、确定具体接线情况的最基本的方法。现已有基于六角图法的智能化仪表，用于现场检查电能计量装置的实际接线情况。作为判定电能表实际接线情况的原理和方法，这里对六角图法作一介绍。

六角图法就是通过画电流相量的方法来确定接到电能表各计量元件的究竟是什么电压、什么电流。六角图法首先需要确定电流的相位，然后根据相序、负载性质、电压电流的对应关系判断电能表各计量元件的实际接线情况。

（1）确定电流相位的方法。

三相三线电能表两个计量元件的接线为 $[\dot{U}_{ab}, \dot{I}_a]$ 和 $[\dot{U}_{cb}, \dot{I}_c]$，有关电压和电流之间的相量关系如图 5-21 所示。在三相电压对称的情况下，从电流相量 $\dot{I}_a$ 的顶端分别向电压相量 $\dot{U}_{ab}$ 和 $\dot{U}_{bc}$ 作垂直线，在 $\dot{U}_{ab}$ 和 $\dot{U}_{bc}$ 上分别得到 $\dot{I}_a'$ 和 $\dot{I}_a''$，也即 $\dot{I}_a$ 在 $\dot{U}_{ab}$ 上的投影为 $\dot{I}_a'$，$\dot{I}_a$ 在 $\dot{U}_{bc}$ 上的投影为 $\dot{I}_a''$。由图 5-21 得到

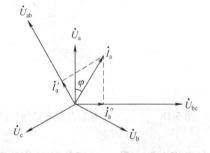

图 5-21　三相三线电能表的相量图

$$\left.\begin{array}{l} I_a' = I_a \cos\ (30° + \varphi) \\ I_a'' = I_a \cos\ (90° - \varphi) \end{array}\right\}$$

反之，若已知 I_a' 和 I_a''，则通过 $\dot{I}_a'$ 和 $\dot{I}_a''$ 的顶端分别作 $\dot{U}_{ab}$ 和 $\dot{U}_{bc}$ 的垂直线，两根垂直线的交点和三相对称电压的交点之连接线即为电流相量 $\dot{I}_a$。

如何得到 I_a' 和 I_a'' 呢？

将单相功率表的电压元件接电压 $\dot{U}_{ab}$，电流元件接电流 $\dot{I}_a$，则测出的功率为

$$P_{ab} = U_{ab} I_a \cos\ (30° + \varphi)\ = U_{ab} I_a' \propto I_a'$$

将功率表的电压线圈改接为 $\dot{U}_{bc}$，电流维持不变，则测出的功率为

$$P_{bc} = U_{bc} I_a \cos\ (90° - \varphi)\ = U_{bc} I_a'' \propto I_a''$$

因此可以得到如下结论：在三相电路中，用一只单相功率表或电能表，其电流线圈保持同一相电流，而电压线圈分别加以任何两个不同的线电压，那么功率表的指示值即为此电流相量在两个线电压上的投影，两个投影的合成相量即是此电流相量（位置）。这样就确定了该电流的相位。

（2）具体作图方法及步骤。在现场绘制相量图（也称六角图）最方便的方法是用两只单相标准表，利用倒换开关进行。具体步骤如下：

1）两只标准表的接线方式和现场校表相同，第一只表接 $[\dot{U}_{ab}, \dot{I}_a]$，第二只表接 $[\dot{U}_{cb}, \dot{I}_c]$。

2）同时启动两只标准表，转时间 t 后停标准表。读得第一只表的示值为 W_1（代表 $\dot{U}_{ab}$、$\dot{I}_a$ 形成的电能）、第二只表的示值为 W_2'（代表 $\dot{U}_{cb}$、$\dot{I}_c$ 形成的电能）。

3）第一只表的电压线 a 和第二只表的电压线 c 互换，两只表分别接 $[\dot{U}_{cb}, \dot{I}_a]$，第二只表接 $[\dot{U}_{ab}, \dot{I}_c]$。

4）再同时启动两只标准表，转时间 t 后停标准表。读得第一只表的示值为 W_1'（$\dot{U}_{cb}$，$\dot{I}_a$），第二只表的示值为 W_2（$\dot{U}_{ab}$，$\dot{I}_c$）。

由 2）和 4）得到的数据见表 5-2。

5）画出电压相量：$\dot{U}_a$、$\dot{U}_b$、$\dot{U}_c$、$\dot{U}_{ab}$、$\dot{U}_{cb}$、$-\dot{U}_{ab}$（$\dot{U}_{ba}$）、$-\dot{U}_{cb}$（$\dot{U}_{bc}$）。选取合适的比例，在电压相量 $\dot{U}_{ab}$ 上截取 W_1（注：若 $W_1 > 0$，在 $\dot{U}_{ab}$ 上截取；$W_1 < 0$，在 $-\dot{U}_{ab}$ 上截取；W_1'、W_2、W_2' 同样处理），在电压相量 $\dot{U}_{cb}$ 上截取 W_1'，通过 W_1 和 W_1' 的顶端分别作 $\dot{U}_{ab}$ 和 $\dot{U}_{cb}$ 的垂直线，它们相交于 Q 点，连接 OQ 即为所求的电流相量 $\dot{I}_a$，如图 5-22 所示。该图中 $W_1' < 0$。

表 5-2　数　据　表

电流 ＼ 电压	$\dot{U}_{ab}$	$\dot{U}_{cb}$
$\dot{I}_a$	W_1	W_1'
$\dot{I}_c$	W_2	W_2'

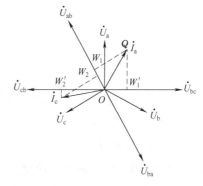

图 5-22　画相量图的方法

6）再在 $\dot{U}_{ab}$ 上截取 W_2，在 $\dot{U}_{cb}$ 上截取 W_2'，过 W_2 和 W_2' 的顶端分别作 $\dot{U}_{ab}$ 和 $\dot{U}_{cb}$ 的垂直线，连接垂直线交点至 O 点即为所求电流相量 $\dot{I}_c$。

7）分析电流相量。分析电流相量就是分析接到电能表中第一元件和第二元件的电流究竟是什么。

分析电流相量基于下述前提：

①三相电压对称且为正序，即 a-b-c。

②三相负载对称为感性，功率因数较好，电流相量滞后相应的相电压相量较小的角度。

基于上述前提得到分析电流相量的方法：

a. 若画出的电流相量为负序（$\dot{I}_a$ 超前 $\dot{I}_c$ 120°），应将 $\dot{I}_a$ 和 $\dot{I}_c$ 对调，改为正序。

b. 若画出的电流相量是超前就近相电压，例如 $\dot{I}_a$ 超前 $\dot{U}_a$，或 $\dot{I}_c$ 超前 $\dot{U}_c$，应将 $\dot{I}_a$ 或 $\dot{I}_c$ 反向，改为 $-\dot{I}_a$ 或 $-\dot{I}_c$。

c. 若画出的两个电流相量不是相差120°，而是相差60°，说明可能有一个电流互感器极性反了，将不满足负载性质的电流反相。

8）电流相位确定以后，电流相量 $\dot{I}_\mathrm{a}$ 的就近相电压应为 $\dot{U}_\mathrm{a}$，$\dot{I}_\mathrm{c}$ 的就近相电压应为 $\dot{U}_\mathrm{c}$，余者为 $\dot{U}_\mathrm{b}$。

9）根据重新确定后的电压相序，定出相应的线电压，便可确定电能表的实际接线了。

为了使大家能理解上述的几个具体步骤，通过下述例子来说明它。

【例 5-1】　某高压计量用户，负荷为感性，功率因数为 0.8 ~ 0.9，用两只标准表测得数据见表 5-3。试用相量图法分析计量表计的接线方式。

解：（1）画出电压相量：$\dot{U}_\mathrm{a}$、$\dot{U}_\mathrm{b}$、$\dot{U}_\mathrm{c}$、$\dot{U}_\mathrm{ab}$、$\dot{U}_\mathrm{cb}$、$-\dot{U}_\mathrm{ab}$（$\dot{U}_\mathrm{ba}$）、$-\dot{U}_\mathrm{cb}$（$\dot{U}_\mathrm{bc}$），如图 5-23 所示。

表 5-3　例 5-1 表

电压 电流	$\dot{U}_\mathrm{ab}$	$\dot{U}_\mathrm{cb}$
$\dot{I}_\mathrm{a}$	$W_1 = 50$	$W_1' = 300$
$\dot{I}_\mathrm{c}$	$W_2 = 240$	$W_2' = -80$

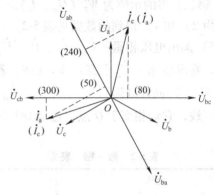

图 5-23　例 5-1 的相量图

（2）根据 W_1 值在 $\dot{U}_\mathrm{ab}$ 上截取 50，根据 W_1' 值在 $\dot{U}_\mathrm{cb}$ 上截取 300，过 50 和 300 处作垂直线，其交点与 O 点连线即为 $\dot{I}_\mathrm{a}$。

（3）同理，由 W_2 值在 $\dot{U}_\mathrm{ab}$ 上截取 240。注意 W_2' 是负值（-80），所以应在 $\dot{U}_\mathrm{bc}$ 上（注意不是 $\dot{U}_\mathrm{cb}$）截取 80，两根垂直线的交点与 O 点连线即为 $\dot{I}_\mathrm{c}$。

（4）分析电流相位：$\dot{I}_\mathrm{a}$ 超前 $\dot{I}_\mathrm{c}$ 120°，是负序，应互相对调，将 $\dot{I}_\mathrm{a}$、$\dot{I}_\mathrm{c}$ 改换为（$\dot{I}_\mathrm{c}$）、（$\dot{I}_\mathrm{a}$），使之成为正序。

（5）定电压顺序：由于负荷是感性，因此电流（$\dot{I}_\mathrm{a}$）滞后的就近电压应是 $\dot{U}_\mathrm{a}$，（$\dot{I}_\mathrm{c}$）滞后的就近电压为 $\dot{U}_\mathrm{c}$，余者为 $\dot{U}_\mathrm{b}$。与图 5-23 上所示的实际电压相符。

分析结论：电压接线无误，而电流元件接线互换了，即计量表计的实际接线方式为 [$\dot{U}_\mathrm{ab}$，$\dot{I}_\mathrm{c}$]、[$\dot{U}_\mathrm{cb}$，$\dot{I}_\mathrm{a}$]。

改正接线方法：将两相电流元件的电流接线位置互相对换即可。

【例 5-2】　某用户，情况与上例相同，测得数据见表 5-4。试分析其接线方式。

表 5-4　例 5-2 表

电压 电流	$\dot{U}_\mathrm{ab}$	$\dot{U}_\mathrm{cb}$
$\dot{I}_\mathrm{a}$	$W_1 = 320$	$W_1' = -150$
$\dot{I}_\mathrm{c}$	$W_2 = -460$	$W_2' = -320$

解：（1）画出电压相量：$\dot{U}_a$、$\dot{U}_b$、$\dot{U}_c$、$\dot{U}_{ab}$、$\dot{U}_{cb}$、$-\dot{U}_{ab}$（$\dot{U}_{ba}$）、$-\dot{U}_{cb}$（$\dot{U}_{bc}$），如图 5-24 所示。

（2）由 W_1、W'_1 画出 $\dot{I}_a$ 相量，由 W_2、W'_2 画出 $\dot{I}_c$ 相量，注意各 W 值的正、负号。

（3）分析电流相位；$\dot{I}_a$、$\dot{I}_c$ 是负序，应互相对调，将 $\dot{I}_a$、$\dot{I}_c$ 改换为（$\dot{I}_c$）、（$\dot{I}_a$），使之成为正序。

（4）定电压顺序：（$\dot{I}_a$）滞后的就近电压应是（$\dot{U}_a$），（$\dot{I}_c$）滞后的就近电压为（$\dot{U}_c$），余者为（$\dot{U}_b$）。由互感器至电能表的实际接线情况如图 5-25 所示。

（5）根据定出的电压顺序，确定出 $\dot{U}_{ab}$ 应改为（$\dot{U}_{ca}$），$\dot{U}_{cb}$ 应改为（$\dot{U}_{ba}$）。

分析结论：电压顺序为 c-a-b，电流顺序为 $\dot{I}_c$、$\dot{I}_a$，即实际接线方式为 $[\dot{U}_{ca},\dot{I}_c]$ 和 $[\dot{U}_{ba},\dot{I}_a]$，如图 5-25 所示。按图上所示很容易改正错误接线。

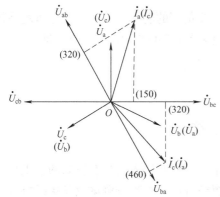

图 5-24　例 5-2 的相量图

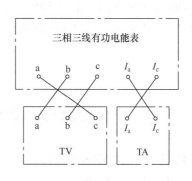

图 5-25　例 5-2 的实际接线图

【例 5-3】　某用户，情况与例 5-1 相同。测得数据见表 5-5。试分析其接线方式。

解：（1）画出电压相量：$\dot{U}_a$、$\dot{U}_b$、$\dot{U}_c$、$\dot{U}_{ab}$、$\dot{U}_{cb}$、$-\dot{U}_{ab}$（$\dot{U}_{ba}$）、$-\dot{U}_{cb}$（$\dot{U}_{bc}$），如图 5-26 所示。

表 5-5　例 5-3 表

电流 \ 电压	$\dot{U}_{ab}$	$\dot{U}_{cb}$
$\dot{I}_a$	$W_1 = 320$	$W'_1 = -150$
$\dot{I}_c$	$W_2 = 470$	$W'_2 = 320$

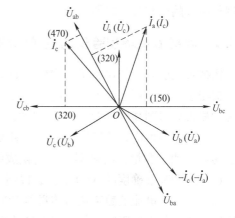

图 5-26　例 5-3 的相量图

（2）由 W_1、W'_1 画出 $\dot{I}_a$ 相量，由 W_2、W'_2 画出 $\dot{I}_c$ 相量，注意各 W 值的正、负号。

（3）分析电流相位；由图 5-26，$\dot{I}_a$ 和 $\dot{I}_c$ 相位角差不是 120°，而是 60°。故将超前相电

流 $\dot{I}_c$ 反相 180°，为 $-\dot{I}_c$。由电流相量 $\dot{I}_a$ 和 $-\dot{I}_c$ 来分析，$\dot{I}_a$ 超前 $-\dot{I}_c$ 120°，是负序，应互相对调，将 $\dot{I}_a$、$-\dot{I}_c$ 改换为 $(\dot{I}_c)$、$(-\dot{I}_a)$，使之成为正序。

注意：由 $-\dot{I}_c \rightarrow (-\dot{I}_a)$，"$-$" 保持不变。

（4）定电压顺序：$(\dot{I}_c)$ 的就近电压应是 $(\dot{U}_c)$，$(-\dot{I}_a)$ 的就近电压应该是 $(\dot{U}_a)$，余者为 $(\dot{U}_b)$，所以电压顺序应该是 c-a-b。

（5）根据定出的电压顺序，确定出 $\dot{U}_{ab}$ 实际为 $(\dot{U}_{ca})$，$\dot{U}_{cb}$ 实际为 $(\dot{U}_{ba})$。

分析结论：实际接线方式为 $[\dot{U}_{ca}, \dot{I}_c]$ 和 $[\dot{U}_{ba}, -\dot{I}_a]$。

当实际接线情况查清后，若为错误接线，均应改正为正确接线。在改正过程中，特别要注意防止电流互感器的二次回路断开和电压互感器二次回路短路。接线改正以后，还要进行全面检查，给出相量图，以验证接线是否改得正确。

在用六角图法判断电能表的实际接线过程中，需要负荷的功率因数。上述分析均是假定 $\cos\varphi$ 在 $0.7 \sim 0.9$ 之间。实际的功率因数可按各有关测量仪表的指示值来计算，即

$$\cos\varphi = \frac{P}{\sqrt{P^2 + Q^2}} = \frac{P}{\sqrt{3}UI}$$

5.3　电能表现场校验仪检查电能表的接线

六角图法判断电能表的实际接线，操作方法复杂，要求测试人员具有较高的电工理论水平和丰富的工作经验，难度较大。对于电能计量装置综合误差的现场测试及其接线方式的检测（判断或识别），通常广泛使用电能表现场校验仪（简称现校仪）。

现校仪是一种适用于对现场运行的电能表进行检验的计量仪器，其两大基本功能是误差测试和接线判断。为测量电能误差，要求现校仪首先是一只标准电能表，而且要方便现场操作，准确度要高、功能要多、智能化程度要高；为进行接线检查，要求现校仪能进行相量分析，识别线路相别，显示相量图、接线图。所以电能表现场校验仪是标准电能表与相量分析软件相结合的检测分析仪器。

5.3.1　电能表现场校验仪的系统结构及工作原理

便携式电能表现校仪系统结构框图如图 5-27 所示。

被测电压经由精密电阻和继电器组成的可编程分压电路变换成幅度合适的小电压信号，经缓冲放大后送到高准确度的 A/D 器件，以适当的采样速率将瞬时值转换成数字信号流。

被测电流经由内置的高准确度电子补偿式互感器（直接接入式测量）或电子补偿式钳形互感器（钳表测量）将被测电流变换成幅度合适的小电流信号，由精密电阻取样转换成电压信号送到高准确度的 A/D 器件，以适当的采样速率将瞬时值转换成数字信号流。

被测电压、电流的数字信号传送给 FPGA 逻辑电路时使用了光耦合器，实现了被测电路和测试系统地的电气隔离，保证了测试的安全和测试数据的稳定。

由数字信号处理器 DSP 和 FPGA 组成高速的数字信号处理系统，对被测电压、电流的数字信号流进行实时分析计算，得出电压、电流、波形失真度、谐波含量、有功功率/电能、无功功率/电能、视在功率、相位、功率因数、频率等所需要的电参量。进一步确定三相电路

中各相相电流（或线电流）和对应相（或同一相）相电压（或线电压）相量间的相位关系，并与电能计量装置正确接线下各相量间的相位关系对比，从而判断电能表的实际接线方式。

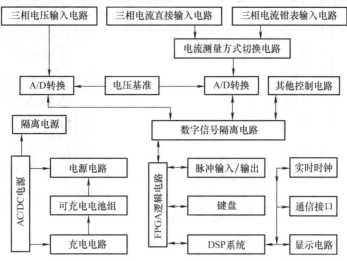

图 5-27　电能表现校仪系统结构框图

辅助电源由 AC/DC 电源模块、锂电池组及充电电路组成。AC/DC 电源模块为系统和充电电路供电，充电电路负责对锂电池组充电，系统供电可在 AC/DC 电源模块和锂电池组自动切换。

5.3.2　操作面板说明

1. 上面板

上面板的中间为大液晶屏幕，中文汉字图文显示。右边为按键，下面是多功能软键，软键随画面的不同有不同的定义（具体见与软键相对应的汉字显示）。数字键 1~9 是复用键，在其上方的文字是相对应的快捷功能提示，如图 5-28 所示。

按键⌊1/abc⌋在参数编辑时，用来输入数字"1"或"A"、"B"、"C"，否则是进入参数设置画面的快捷键；按键⌊2/def⌋、⌊3/ghi⌋、⌊4/jkl⌋、⌊5/mno⌋、⌊6/pqr⌋、⌊7/stu⌋、⌊8/vw⌋、⌊9/xyz⌋的使用方法和⌊1/abc⌋相同；按键⌊⇧⌋在参数编辑时，进行字母和数字的转换；按键⌊Esc⌋、⌊OK⌋是放弃和确认键；按键⌊F1⌋、⌊F2⌋、⌊F3⌋、⌊F4⌋是显示屏软键，其功能由显示屏对应位置的显示内容来决定，在不同的画面有不同的定义；按键⌊⏻⌋是电源开关键，按⌊⏻⌋即开机，持续按住⌊⏻⌋5s 即关机。"☼"是交流电源指示灯，当接通交流辅助电源时，该指示灯点亮。"⌐⌐⌐"是状态指示灯，该灯有 3 种用途：

（1）当进入设置界面时，该灯的闪烁和现校仪时钟的基频同步，理论频率为 0.5Hz（在产品调试和维修时使用）。

（2）在其他界面下，该灯的闪烁和标准电能低频脉冲 F_L 输出同步。

（3）在开机状态下，按下⌊⏻⌋时，⌐⌐⌐会以另一种方式闪烁，可用于故障分析诊断（在产品调试和维修时使用）。

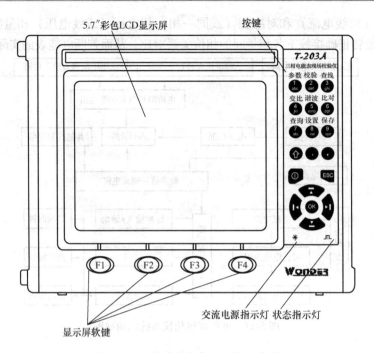

图 5-28　电能表现校仪上面板示意图

2. 接线端钮板

接线端钮板如图 5-29 所示。

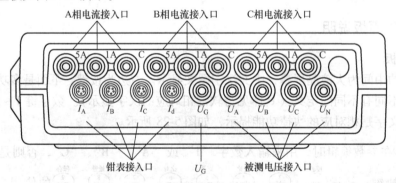

图 5-29　接线端钮板

电压输入采用星形联结，三相电压共地于 U_N，电压输入回路和电流输入回路是电隔离的。电压输入回路在现校仪内部和系统地是电隔离的；三相电流输入各回路间以及和现校仪系统地之间是电隔离的。在检查接线时，U_G 电压端钮接到被测系统地上，用来测量 U_A、U_B、U_C 和被测系统地间的电压，从而判断哪一相接地，钳表接入口用来插入现校仪所带的各种量程的钳表。

5.3.3　检查电能表的接线

1. 电能表相关参数的录入

相关参数是指电能表的铭牌参数和校表参数，主要是局编号、出厂编号、电能表型号、接线方式、额定电压、额定电流、电能表常数、准确度等级、校表圈数、TV 电压比、TA 电流比、检定员等。参数录入有三种方式：人工输入、条码扫描器录入及通过计算机下载工作票内容。

2. 查线前的准备

I_a、I_c 钳口分别接电能表 A 元件、C 元件的电流进线。如果检查三相三线电能表接线，I_b 钳口接电流公共回线；如果检查三相四线电能表接线，I_b 钳口接电能表 B 元件的电流进线，三把钳子的方向必须一致。U_A、U_B、U_C 分别接电能表 A、B、C 三相电压进线。U_G 接大地，如果不接，可能会使判断结果不唯一。

3. 检查接线的步骤

（1）按接线要求，连接好电压、电流接线。

（2）在条件画面中选择好各种条件，注意条件必须正确选择，否则会判断得出错误的接线结果。

（3）按"测试"键进入测试画面，待数据稳定后，即可检查接线。

（4）按"接线"键即可直接给出接线图。

（5）如果需要计算追退电量，请按"追退电量"键。

4. 接线条件选择

接线条件的类别包括识别模式、接线制式、负载性质等。

识别模式：自动和手动识别两种模式。在手动模式下，可以分析得出各种可能的接线结果，并一一罗列出接线图；在自动模式下，仅给出一种接线图。系统默认为自动模式。

接线制式：对三相三线电能表，分为三线制和四线制两种；对三相四线电能表，分为四线制和六线制两种，分别对应旧国标和新国标。

负载性质：从 $\cos\varphi > 0.5L$、$\cos\varphi < 0.5L$、$\cos\varphi > 0.5C$、$\cos\varphi < 0.5C$、模糊识别中选择一个与现场负载性质相一致的功率因数。如果不能确定现场的负载性质，选择模糊识别。

在三相电压对称、三相负载对称和平衡的条件下，如果 TV、TA、电能表的接线正确，则三相电压相量之间的夹角为 120°，三相电流相量之间的夹角也为 120°。但在负载不对称情况下，三相电流（或电压）相量之间的夹角就不是 120°，比如是 100° 或 140° 等。在负载不平衡的情况下，三相电流也不会相等，比如是 5A、3A 等，那么现校仪就必须依据这些不同的测试数据进行分析，以确定这些非常规数据是由于用户的用电负载性质还是由于 TV、TA、电能表的接线引起的。由于现场测试数据千差万别，因此要用到模糊识别的理论，对测试数据进行模糊处理，这一过程称为模糊识别。同样，现场功率因数的判定也是依据模糊识别理论。

5. 接线图

当所有的已知条件选择后，如果测量数据正确，按"接线"按键，则直接画出 TV、TA、电能表的接线图。

如果是手动模式，则给出 n 种可能的结果，用 ↑、↓ 键翻页查看，方便专业人员进行技术分析。

6. 退补电量

电能表现校仪具有计算退补电量的功能。在退补电量画面下，当接线图确定后，直接显示与该接线图相一致的功率表达式。输入平均功率因数、实际电量后，自动计算更正系数和追退电量。

5.3.4 现校仪检查电能表接线实例

【**例 5-4**】　三相三线电能表，电压经 TV 接入，电流经 TA 接入，TA 二次非极性端经公共回线接入电能表。测试数据和相量图如图 5-30 所示，按"接线"按键，电能表现场校验仪绘制的接线图如图 5-31 所示。该接线为正常接线。

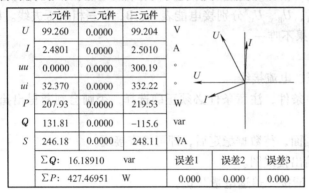
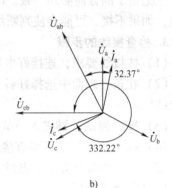

	一元件	二元件	三元件	
U	99.260	0.0000	99.204	V
I	2.4801	0.0000	2.5010	A
uu	0.0000	0.0000	300.19	°
ui	32.370	0.0000	332.22	°
P	207.93	0.0000	219.53	W
Q	131.81	0.0000	−115.6	var
S	246.18	0.0000	248.11	VA
$\sum Q$:	16.18910	var		
$\sum P$:	427.46951	W		

	误差1	误差2	误差3
	0.000	0.000	0.000

a)　　　　　　　　　　　　　b)

图 5-30　例 5-4 的测试数据和相量图

a) 测试数据　b) 相量图

【**例 5-5**】　三相四线电能表，电流经 TA 接入，TA 二次侧采用国标接线，测试数据和相量图如图 5-32 所示。从相量图和测试数据看出，第一、二元件电流为 1.5A，第三元件电流为 0.6A，说明电流不平衡。第一元件电压、电流之间的相位为 11.49°，第二元件电压、电流之间的相位为 31.53°，第三元件电压、电流之间的相位为 −7.95°，前两元件呈感性，后者呈容性，说明相位严重不对称。按"接线"按键，电能表现场校验仪绘制的接线图如图 5-33 所示。该接线为正常接线。

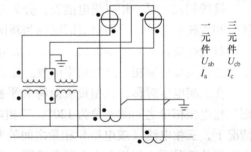

图 5-31　例 5-4 的接线图

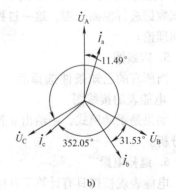

	一元件	二元件	三元件	
U	219.93	220.07	219.96	V
I	1.4902	1.4843	0.6107	A
uu	0.0000	120.03	240.06	°
ui	11.492	31.530	352.05	°
P	321.21	278.45	133.06	W
Q	65.319	170.84	−18.57	var
S	327.78	326.69	134.35	VA
$\sum Q$:	217.59178	var		
$\sum P$:	732.73419	W		

	误差1	误差2	误差3
	0.000	0.000	0.000

a)　　　　　　　　　　　　　b)

图 5-32　例 5-5 的测试数据和相量图

a) 测试数据　b) 相量图

【**例 5-6**】　三相三线电能表，电压经 TV 接入，电流经 TA 接入，TA 二次采用国标接线，测试数据和相量图如图 5-34 所示。从图 5-34 所示相量图和测试数据看出，第一元件电流为 1.5A，第三元件电流为 0.6A，说明电流不平衡。第一元件电压、电流之间的相位为 30°，第三元件电压、电流之间的相位为 291°（正常为 330°），前者呈感性，后者呈容性，说明相位严重不对称。按"接线"按键，电能表现场校验仪绘制的接线图如图 5-35 所示。该接线为正常接线。

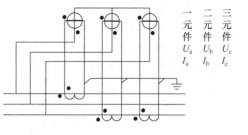

图 5-33　例 5-5 的接线图

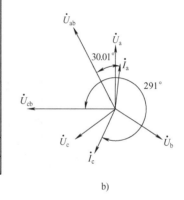

	一元件	二元件	三元件	
U	100.04	0.0000	99.970	V
I	1.4893	0.0000	0.6097	A
uu	0.0000	0.0000	300.06	°
ui	30.009	0.0000	291.75	°
P	129.05	0.0000	22.593	W
Q	74.533	0.0000	−56.61	var
S	149.00	0.0000	60.955	VA
$\sum Q$:	17.91611	var		
$\sum P$:	151.64429	W		

误差1	误差2	误差3
0.000	0.000	0.000

a)

b)

图 5-34　例 5-6 的测试数据和相量图

a）测试数据　b）相量图

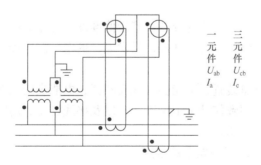

图 5-35　例 5-6 的接线图

【**例 5-7**】　三相三线电能表，电压经 TV 接入，电流经 TA 接入，TA 二次有电流公共回线，测试数据和相量图如图 5-36 所示。从相量图和测试数据看出，第一元件电压、电流之间的相位为 184.82°，第三元件电压、电流之间的相位为 330.13°（正常为 330°），说明第一元件 TA 极性反接，相位不对称。按"接线"按键，电能表现场校验仪绘制的接线图如图 5-37 所示。该接线为第一元件 TA 极性反接。

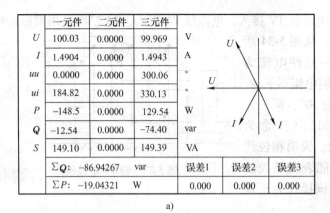
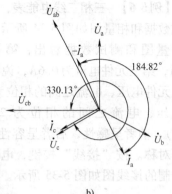

	一元件	二元件	三元件	
U	100.03	0.0000	99.969	V
I	1.4904	0.0000	1.4943	A
uu	0.0000	0.0000	300.06	°
ui	184.82	0.0000	330.13	°
P	−148.5	0.0000	129.54	W
Q	−12.54	0.0000	−74.40	var
S	149.10	0.0000	149.39	VA

ΣQ:	−86.94267	var	误差1	误差2	误差3
ΣP:	−19.04321	W	0.000	0.000	0.000

a)　　　　　　　　　　　　b)

图 5-36　例 5-7 的测试数据和相量图

a) 测试数据　b) 相量图

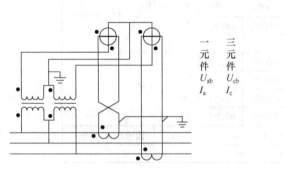

一元件	三元件
U_{ab}	U_{cb}
I_a	I_c

图 5-37　例 5-7 的接线图

5.4　退补电量的计算方法

电能计量是为实现电能量单位的统一及其量值准确、可靠而进行的一系列活动。电能的准确计量是电力系统安全经济运行的基础，是发电、输电、配电和用电各环节间进行贸易结算公平交易的重要前提。

实际运行中的电能计量装置，可能会出现互感器、电能表的误差及其连接线电压降超出允许范围或其他非人为原因致使计量记录不准，以及接线错误、熔断器熔断、倍率不符等原因使电能计量或计算出现差错。

1.《供电营业规则》对退补电量的规定

《供电营业规则》第八十条规定：由于计费计量的互感器、电能表的误差及其连接线电压降超出允许范围或其他非人为原因致使计量记录不准时，供电企业应按下列规定退补相应电量的电费：

1）互感器或电能表误差超出允许范围时，以"0"误差为基础，按验证后的误差值退补电量。退补时间从上次校验或换装后投入之日起至误差更正之日止的 1/2 时间计算。

2）连接线的电压降超出允许范围时，以允许电压降为基准，按验证后实际值与允许值之差补收电量。补收时间从连接线投入或负荷增加之日起至电压降更正之日止。

3）其他非人为原因致使计量记录不准时，以用户正常月份的用电量为基准，退补电量，退补时间按抄表记录确定。

退补期间，用户先按抄见电量如期交纳电费，误差确定后，再行退补。

《供电营业规则》第八十一条规定：用电计量装置接线错误、熔断器熔断、倍率不符等原因，使电能计量或计算出现差错时，供电企业应按下列规定退补相应电量的电费：

1）计费计量装置接线错误的，以其实际记录的电量为基数，按正确与错误接线的差额率退补电量，退补时间从上次校验或换装投入之日起至接线错误更正之日止。

2）电压互感器熔断器熔断的，按规定计算方法计算值补收相应电量的电费；无法计算的，以用户正常月份用电量为基准，按正常月与故障月的差额补收相应电量的电费，补收时间按抄表记录或按失电压自动记录仪记录确定。

3）计算电量的倍率或铭牌倍率与实际不符的，以实际倍率为基准，按正确与错误倍率的差值退补电量，退补时间以抄表记录为准确定。

退补电量未正式确定前，用户应先按正常月用电量交付电费。

按照《供电营业规则》第八十条的规定，由于计费计量的互感器、电能表的误差及其连接线电压降超出允许范围或其他非人为原因导致的计量记录不准，按验证后的误差值退补电量，或以用户正常月份的用电量为基准退补电量。第八十一条规定由于倍率与实际不符的，按正确与错误倍率的差值退补电量。

按照《供电营业规则》第八十一条的规定，对于电能计量装置接线错误、熔断器熔断导致的电能计量出现差错，按正确与错误接线的差额率退补电量，以及按规定计算方法计算退补电量。

电能计量装置错误接线给电能计量带来了很大的误差，其误差值可达百分之几十到百分之几百。对于用来测量发电量、供电量和售电量的电能表，因错误计量将影响电力企业制订生产计划、搞好经济核算、合理计收电费；对于工业企业生产用电结算收费的电能表因错误接线引起的计量误差，不但直接影响着供用电双方的经济利益，同时还影响到加强企业经营管理，搞好计划用电、节约用电以及考核产品单位耗电量、制定电力消耗定额、降低消耗和成本的考核与落实；此外，因电能表错误接线还可能出现计量纠纷。可见电能计量装置错误接线将给电力企业和用电户造成很大的影响。

电能计量装置接线错误、熔断器熔断时退补电量的计算，采用更正系数法。

电能计量装置错误接线分析的目的，就在于求出错误接线的更正系数，计算退补电量，解除计量纠纷和基本达到合理的弥补因电能计量装置错误接线造成的计量误差，使单位和个人免受因电能计量装置错误接线引起的经济损失。

2. 退补电量的计算方法

退补电量定义为负载实际使用的电量与电能计量装置错误接线期间所计量的电量的差值，即

$$\Delta W = W_0 - W'$$

式中，W_0 为负载实际使用的电量；W' 为电能计量装置错误接线时所计量的电量。

如何得到负载实际使用的电量呢？

由于电能与功率仅相差时间因素，因而有

$$\frac{W_0}{W'} = \frac{P_0 t}{P' t} = \frac{P_0}{P'}$$

式中，P_0 为电能表正确接线时所测量的功率；P' 为电能表错误接线时所测量的功率。

定义更正系数为

$$G = \frac{W_0}{W'} = \frac{P_0}{P'} \tag{5-1}$$

则电能表正确接线时所计量的电量为

$$W_0 = GW'$$

退补电量为

$$\Delta W = (G - 1)W' \tag{5-2}$$

如果电能表在错误接线状态下的相对误差为 γ（%），则负载实际消耗的电量为

$$W_0 = GW'\left(1 - \frac{\gamma}{100}\right)$$

退补电量为

$$\Delta W = \left[G\left(1 - \frac{\gamma}{100}\right) - 1 \right]W' \tag{5-3}$$

若计算结果 $\Delta W < 0$，表明多抄算了用电数，供电部门应退还给用户电费；若 $\Delta W > 0$，表明少抄算了用电数，用户应补交电费。

由式（5-2）、式（5-3）可知，更正系数 G 是计算退补电量的关键。除了电能表不计量的错误接线类型按错误接线前的平均电量作参考进行退补外，其他类型的错误接线都应以更正系数来计算退补电量。

更正系数可采用下述两种方法求得：

1）测试法。对错误接线的电能表仍保持错误接线计量，同时在该回路中按正确接线另接入一块误差合格的电能表，并选取有代表性的负载运行计量一段时间。然后用正确接线的电能表所计量的电量除以错误接线的电能表所计量的电量，便得到更正系数 G。此时可不考虑错误接线时电能表的误差。

2）计算法。由式（5-1）可知，更正系数 G 可由电能表正确接线时所测量的功率与错误接线时所测量功率的比值得到。$P_0 = \sqrt{3}UI\cos\varphi$，$P'$ 需根据电能表接线检查的结果，画出相应的相量图，经分析计算得到。

现举例说明更正系数的计算方法。下述分析基于假设：

①三相电压对称且为正序，即 a-b-c。

②三相负载对称为感性，功率因数较好，电流相量滞后相应的相电压相量较小的角度。

【例 5-8】　经查，某电能计量装置的接线情况如图 5-38 所示，试求更正系数 G。

解： 该电能计量装置误将 $-\dot{I}_a$ 接入第一元件的电流线圈，其错误接线方式为 $[\dot{U}_{ab}, -\dot{I}_a]$ 和 $[\dot{U}_{cb}, \dot{I}_c]$ 画出相量图，得到错误接线时所测功率为

$$P' = U_{ab}I_a\cos[\widehat{\dot{U}_{ab}, -\dot{I}_a}] + U_{cb}I_c\cos[\widehat{\dot{U}_{cb}, \dot{I}_c}]$$
$$= U_{ab}I_a\cos(150° - \varphi_a) + U_{cb}I_c\cos(30° - \varphi_c)$$
$$= UI[-\cos(30° + \varphi) + \cos(30° - \varphi)]$$
$$= UI\sin\varphi$$

显然在错误接线下，表计测得的功率值不是正比于三相电路中的有功功率 $\sqrt{3}UI\cos\varphi$。更正系

数为

$$G = \frac{P_0}{P'} = \frac{\sqrt{3}UI\cos\varphi}{UI\sin\varphi} = \sqrt{3}\cot\varphi$$

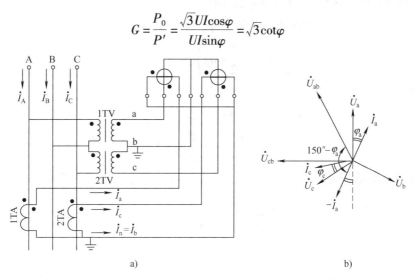

a)　　　　　　　　　　　　　b)

图 5-38　例 5-8 的错误接线图及相量图

a）原理接线图　b）相量图

【例 5-9】　电能计量装置的实际接线图如图 5-39a 所示，求更正系数 G。

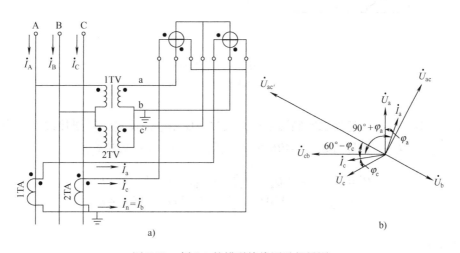

a)　　　　　　　　　　　　　b)

图 5-39　例 5-9 的错误接线图及相量图

a）原理接线图　b）相量图

解：C、B 相电压互感器二次侧端钮极性反接；电流 $\dot I_c$ 和 $\dot I_a$ 分别接入第一元件和第二元件电流线圈。错误接线方式为：$[\dot U_{ac'},\ \dot I_c]$ 和 $[\dot U_{bc'},\ \dot I_a]$，相量图如图 5-39b 所示。错误接线的功率表达式为

$$P' = U_{ac'}I_c\cos\left[\widehat{\dot U_{ac'},\dot I_c}\right] + U_{bc'}I_a\cos\left[\widehat{\dot U_{bc'},\dot I_a}\right]$$
$$= U_{ac'}I_c\cos(60° - \varphi_c) + U_{bc'}I_a\cos(90° + \varphi_a)$$

由相量图分析知：$U_{ac'} = \sqrt{3} U_{ac}$，$U_{bc'} = U_{cb}$，因而

$$P' = \sqrt{3} U_{ac} I_c \cos(60° - \varphi_c) + U_{cb} I_a \cos(90° + \varphi_a)$$
$$= UI\left(\frac{\sqrt{3}}{2}\cos\varphi + \frac{1}{2}\sin\varphi\right)$$

更正系数为

$$G = \frac{P_0}{P'} = \frac{\sqrt{3}UI\cos\varphi}{UI\left(\dfrac{\sqrt{3}}{2}\cos\varphi + \dfrac{1}{2}\sin\varphi\right)} = \frac{2\sqrt{3}}{\sqrt{3} + \tan\varphi}$$

【**例 5-10**】　电能计量装置的实际接线图如图 5-40a 所示，求更正系数 G。

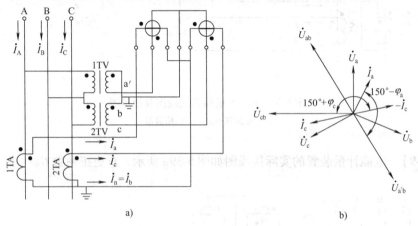

图 5-40　例 5-10 的错误接线图及相量图

a）原理接线图　b）相量图

解：A、B 相电压互感器二次侧端钮极性反接；C 相电流反进，错误接线方式为 $[\dot{U}_{a'b}, \dot{I}_a]$ 和 $[\dot{U}_{cb}, -\dot{I}_c]$，相量图如图 5-40b 所示。错误接线的功率表达式为

$$P' = U_{a'b} I_a \cos\widehat{[\dot{U}_{a'b}, \dot{I}_a]} + U_{cb} I_c \cos\widehat{[\dot{U}_{cb}, -\dot{I}_c]}$$
$$= U_{ab} I_a \cos(150° - \varphi_a) + U_{cb} I_c \cos(150° + \varphi_c)$$
$$= -\sqrt{3} UI\cos\varphi$$

更正系数 $G = -1$。

求出更正系数后，便可确定退补电量。下面举例说明退补电量的计算方法。

【**例 5-11**】　发现某用户有功电能表错误接线的功率表达式为 $P' = 2UI\sin\varphi$，经查实已运行了三个月，累计电量为 $1.5 \times 10^4 \text{kW} \cdot \text{h}$，该用户的平均功率因数为 0.87。电能表的相对误差 $\gamma = -4\%$。试计算三个月应退补的有功电量。

解：根据式（5-1）得更正系数为

$$G = \frac{P_0}{P'} = \frac{\sqrt{3}UI\cos\varphi}{2UI\sin\varphi} = \frac{\sqrt{3}}{2}\cot\varphi$$

由 $\cos\varphi = 0.87$，得 $\cot\varphi = 0.567$，因而 $G = 1.53$。

按式（5-3）计算应退补的电量为

$$\Delta W = \left[G\left(1 - \frac{\gamma}{100}\right) - 1 \right] W'$$

$$= \left[1.53 \times \left(1 - \frac{-4}{100}\right) - 1 \right] \times 1.5 \times 10^4 \mathrm{kW \cdot h}$$

$$= 8868 \mathrm{kW \cdot h}$$

计算结果中，$\Delta W > 0$，表明电能表少计量了电量 8868kW·h，表示用户应向供电部门补交 8868kW·h 电量的电费。

【例 5-12】 某厂一块三相三线有功电能表，某月抄读电量为反向计量 2000kW·h，电流互感器的电流比为 100A/5A，电压互感器的电压比为 6000V/100V，经检查错误接线的功率表达式为 $P' = UI(-\sqrt{3}\cos\varphi + \sin\varphi)$，平均功率因数为 0.9，求实际电量。

解： 根据错误接线电能表反映的功率为

$$P' = UI(-\sqrt{3}\cos\varphi + \sin\varphi)$$

更正系数计算为

$$G = \frac{P_0}{P'} = \frac{\sqrt{3}UI\cos\varphi}{UI(-\sqrt{3}\cos\varphi + \sin\varphi)} = \frac{\sqrt{3}}{-\sqrt{3} + \tan\varphi}$$

由 $\cos\varphi = 0.9$，得 $\tan\varphi = 0.484$，因而 $G = -1.93$。因此，实际有功电量为

$$W_0 = GW'$$

$$= -1.93 \times (-2000) \times (100/5) \times (6000/100) \mathrm{kW \cdot h}$$

$$= -1.93 \times (-24 \times 10^5) \mathrm{kW \cdot h}$$

$$= 33.36 \times 10^5 \mathrm{kW \cdot h}$$

确定退补电量为

$$\Delta W = W_0 - W' = [33.36 \times 10^5 - (-24 \times 10^5)] \mathrm{kW \cdot h}$$

$$= 5.7 \times 10^6 \mathrm{kW \cdot h}$$

少计量了 $5.7 \times 10^6 \mathrm{kW \cdot h}$ 电量。

【例 5-13】 某用电户一块三相四线有功电能表，其 C 相电流互感器二次侧反极性，B、C 相电压元件接错相，错误计量了 6 个月，电能表 6 个月所累计的电量为 $100 \times 10^4 \mathrm{kW \cdot h}$，平均功率因数约为 0.85，求实际电量并确定退补电量。

解： 由已知条件分析，电能表三个元件的接线分别为 $[\dot{U}_a, \dot{I}_a]$、$[\dot{U}_c, \dot{I}_b]$ 和 $[\dot{U}_b, -\dot{I}_c]$。相量图如图 5-41 所示。错误接线时所测功率为

$$P' = U_a I_a \cos[\widehat{\dot{U}_a, \dot{I}_a}] + U_c I_b \cos[\widehat{\dot{U}_c, \dot{I}_b}] + U_b I_c \cos[\widehat{\dot{U}_b, -\dot{I}_c}]$$

$$= U_a I_a \cos\varphi_a + U_c I_b \cos(120° - \varphi_b) + U_b I_c \cos(60° - \varphi_c)$$

$$= U_{\mathrm{ph}} I_{\mathrm{ph}}(\cos\varphi + \sqrt{3}\sin\varphi)$$

正确接线时的功率为

$$P_0 = 3U_{\mathrm{ph}} I_{\mathrm{ph}}\cos\varphi$$

更正系数为

$$G = \frac{P_0}{P'} = \frac{3U_{\mathrm{ph}} I_{\mathrm{ph}}\cos\varphi}{U_{\mathrm{ph}} I_{\mathrm{ph}}(\cos\varphi + \sqrt{3}\sin\varphi)} = \frac{3}{1 + \sqrt{3}\tan\varphi}$$

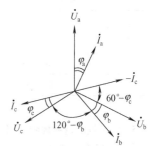

图 5-41　例 5-13 的相量图

在功率因数 $\cos\varphi = 0.85$ 时，$\tan\varphi = 0.62$，因此更正系数计算为 $G = 1.447$。

实际有功电量为

$$W_0 = GW' = 1.447 \times 10^6 \text{kW} \cdot \text{h}$$

应退补电量

$$\begin{aligned} \Delta W &= W_0 - W' \\ &= (1.447 \times 10^6 - 1.0 \times 10^6) \ \text{kW} \cdot \text{h} \\ &= 4.47 \times 10^5 \text{kW} \cdot \text{h} \end{aligned}$$

由计算结果可知，在错误接线期间少计量了 $4.47 \times 10^5 \text{kW} \cdot \text{h}$ 电量，应补交 $4.47 \times 10^5 \text{kW} \cdot \text{h}$ 电量的电费。

习　题　5

5-1　互感器的停电检查包括哪些内容？

5-2　什么是互感器的带电检查？什么情况下应对电能计量装置进行带电检查接线？带电检查的注意事项是什么？

5-3　带电检查电压互感器的步骤有哪些？

5-4　电压互感器在下述几种情况下，用电压表在二次侧测得的几个线电压分别是多少？画出相应的二次电压相量图。

①电压互感器 YNyn 接线，一次侧有一相极性接反。

②电压互感器 YNyn 接线，一次侧有一相断线。

③电压互感器 V/v 接线，二次侧有一相极性接反。

④电压互感器 V/v 接线，一次侧中间相断线。

5-5　用交流电压表测量 V/v 接线电压互感器的各二次电压，测量结果中出现173V，分析其原因。

5-6　用交流电压表测量 YNyn 接线电压互感器的各二次电压，测量结果中出现57.7V，分析其原因。

5-7　如何对三相四线有功电能表进行接线检查？

5-8　三相三线有功电能表接线检查的 b 相电压法、电压交叉法，能否确定电能表接线是否正确？能否确定电能表的错误接线方式？什么方法可以判断三相三线有功电能表的实际接线？

5-9　某高压计量用户，负荷为感性，功率因数为 $0.8 \sim 0.9$，用两只标准表测得数据见表5-5。试用相量图法分析计量表计的接线方式。

5-10　某高压计量用户，负荷为感性，功率因数为 $0.8 \sim 0.9$，用两只标准表测得数据见表5-6。试用相量图法分析计量表计的接线方式。

表 5-5　习题 5-9 表

电压 电流	$\dot{U}_{ab}$	$\dot{U}_{cb}$
$\dot{I}_a$	$W_1 = 160$	$W_1' = -100$
$\dot{I}_c$	$W_2 = -80$	$W_2' = -270$

表 5-6　习题 5-10 表

电压 电流	$\dot{U}_{ab}$	$\dot{U}_{cb}$
$\dot{I}_a$	$W_1 = 295$	$W_1' = -200$
$\dot{I}_c$	$W_2 = 440$	$W_2' = 250$

5-11　《供电营业规则》对退补电量是如何规定的？

5-12　经查，某电能计量装置的接线情况如图5-42所示，试求更正系数 G。

5-13　经查，某电能计量装置的接线情况如图5-43所示，试求更正系数 G。

5-14　现场某三相三线有功电能表，某月抄读电量为4300kW·h，经检查错误接线的功率表达式为 $P' = \sqrt{3}UI\cos(60° - \varphi)$，平均功率因数为0.82，求应退补的电量。

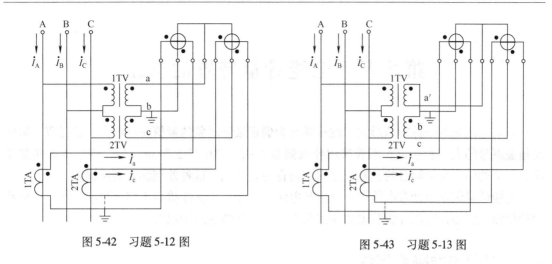

图 5-42　习题 5-12 图　　　　　　　　　图 5-43　习题 5-13 图

5-15　某低压三相用户，安装的是三相四线有功电能表，电流互感器的电流比为 300A/5A，运行时发现，B 相电流互感器二次反极性，A、C 相电压元件交叉接错。错误接线期间抄读表码为 45，运行中平均功率因数为 0.85，求应退补的电量。

第6章 电能计量装置的误差

计量是测量的一种特殊形式。测量就是为确定被测对象的量值而进行的实验过程。量值是指被测量的大小和单位。不管采用什么测量方法，应用什么测量设备，使用什么测量手段，测量的结果与被测量的真实值之间总是存在着差别，这种差别称为测量误差。

电能计量装置由计费电能表、电压与电流互感器、二次连接线3部分组成，每一部分都会产生测量误差，电能计量装置的误差是由这3部分的误差构成的。

6.1 误差与准确度等级

测量误差可按不同的方法进行分类。

按测试条件可分为基本误差和附加误差。基本误差是在规定的条件下进行测量时所产生的误差。电表校验就是在规定的条件下进行的测量。

按测量误差的表示方法可分为绝对误差、相对误差和引用误差。电能表校验时的基本误差就是用相对误差表示的。

按误差的来源、性质和特点又可分为系统误差、随机误差和粗大误差。下面主要介绍绝对误差、相对误差、引用误差的基本概念及准确度等级。

1. 绝对误差

绝对误差是指测量值 A 与真值 A_0 之间的差值，通常简称为误差，用 ΔA 表示为

$$\Delta A = A - A_0 \tag{6-1}$$

绝对误差可能是正值或负值，其单位与被测量相同。绝对误差的大小和符号表示测量值偏离真值的程度和方向。

需要特别指出的是，真值是一个理想的数值，国际单位制中的 7 个基本单位即是计量学的约定真值。但对测量者而言，真值是测量不出来的，只能尽量接近它。通常把高一级或数级的标准仪器所测得的数值，叫做实际值（也叫近真值）。只要标准仪器的误差小至测量仪器的误差 1/3 ~ 1/20 时，就可用实际值代替真值 A_0。

与绝对误差大小相等、符号相反的量值称为修正值，用 C 表示，$C = -\Delta A$。仪器仪表在检定时，常由上一级标准给出受检仪器仪表的修正值。修正值常以表格、曲线或公式的形式给出。含有误差的测量值加上修正值后就可以减小误差的影响，例如，一只量程为 10V 的电压表，测量电压时的指示值为 8V，若检定时 8V 处的修正值为 -0.1V，则被测电压的实际值为 8 + (-0.1) =7.9V。

测量仪器仪表应当定期送计量部门进行检定，其主要目的就是获得准确的修正值，以保证量值传递的准确性。利用修正值时，必须在仪器仪表检定的有效期内，否则要重新检定。自动化程度较高的仪器仪表，可将修正值编成程序储存在仪器中，测量时对测量结果自动进行修正。

2. 相对误差

相对误差是绝对误差与被测量的真值的比值，通常用百分数表示，即

$$\gamma = \frac{\Delta A}{A_0} \times 100\% \tag{6-2}$$

γ 有大小和符号，但没有量纲（单位）。

对于同一量来说，绝对误差越小，测量的准确度越高。但对不同的量，就不能用绝对误差来判断测量的准确度了。要用相对误差来评价测量的精确度。

【例 6-1】　电能表甲测量 100kW·h 电能时，测量值为 102kW·h，电能表乙测量 1000kW·h 电能时，测量值为 1004kW·h，试求两表的绝对误差和相对误差。

解：甲表 $\Delta A_{甲} = (102 - 100)\text{kW·h} = 2\text{kW·h}$

$$\gamma = \frac{\Delta A_{甲}}{A_{甲0}} \times 100\% = \frac{2}{100} \times 100\% = 2\%$$

乙表 $\Delta A_{乙} = (1004 - 1000)\text{kW·h} = 4\text{kW·h}$

$$\gamma = \frac{\Delta A_{乙}}{A_{乙0}} \times 100\% = \frac{4}{1000} \times 100\% = 0.4\%$$

由此例可知，虽然甲表的绝对误差比乙表小，但相对误差却比乙的大，这说明乙表比甲表测量的准确度高。相对误差便于对不同测量结果的测量误差进行比较，所以它是误差中最常用的一种表示方法。

和绝对误差一样，真值一般不能得到，故常用实际值代之。电能表检定时的基本误差计算就是采用相对误差。利用绝对误差和相对误差的概念，可以把一个测量结果完整地表示为

$$测量结果 = A \pm \Delta A \tag{6-3}$$

或

$$测量结果 = A(1 \pm \gamma) \tag{6-4}$$

也就是说，测量不仅要确定被测量大小 A，还必须确定测量结果的误差 ΔA 或 γ，即确定测量结果的可靠程度。

3. 引用误差

引用误差又称满度相对误差，定义为绝对误差 ΔA 与仪表量程 A_m 的百分比，用 γ_M 表示，即

$$\gamma_M = \frac{\Delta A}{A_m} \times 100\% \tag{6-5}$$

仪表在整个量程 A_m 上的最大绝对误差 ΔA_m 与量程的百分比，称为最大引用误差，用 γ_{Mmax} 表示，即

$$\gamma_{Mmax} = \frac{\Delta A_m}{A_m} \times 100\% \tag{6-6}$$

4. 准确度等级

测量仪表的准确度等级，又称精度等级，是用仪表的基本误差最大允许值表示的。一只 1.0 级的电能表，其允许的基本误差范围是 $-1.0\% \leqslant \gamma \leqslant 1.0\%$。

引用误差的大小能说明仪表本身的准确程度，其绝对值越小，说明仪表本身的准确程度越高。

6.2　利用电能表常数初略测定电能表的误差

电能表常数 A，是电能表记录的电能和相应的转数或脉冲数之间关系的常数。对于电子式电能表计量有功电能而言，A 表示电能表每计量 $1kW\cdot h$ 有功电能发出 A 个脉冲，将 $1kW\cdot h$ 理解为 $1kW\times1h$，则当电能表的有功负载为 P（单位为 kW），计量时间为 T 时，电能表发出的脉冲数 N 为

$$N = APT \tag{6-7}$$

式（6-7）与式（2-3）内容相同，利用式（6-7）可以测算电能表所测量负载的有功功率。

【例 6-2】　用户的一只单相电能表，电能表常数为 $1600imp/kW\cdot h$，在 $3min$ 的时间里发出 52 个脉冲，电能表所测量负载的有功功率是多少？

解：根据式（6-7），得

$$P = \frac{N}{AT} = \frac{52}{1600\times\dfrac{3}{60}}kW = 0.65kW$$

在利用电能表常数 A 测量电能表所带负载有功功率的基础上，就可以初略测定电能表的误差。

这是一种传统的测试方法，所用设备简单，推算简捷，但准确度低，只能用于初步测试。

测定误差所需负载功率的实际值 P_0，可根据配电屏监视电压表读数 $U_{线}$、监视电流表读数 $I_{线}$、功率因数表读数 $\cos\varphi$ 计算得到，即

$$P_0 = \sqrt{3}U_{线} I_{线} \cos\varphi$$

【例 6-3】　用户一只 1.0 级三相四线电能表，配电屏监视电压表读数为 380V（线电压），钳形表测得一次负荷电流为 100A，TA 电流比 K 为 100，测试期间用户功率因数稳定，$\cos\varphi$ 表读数为 0.9，电能表常数 A 为 $1200imp/kW\cdot h$，现测得 100s 发出 24 个脉冲，初略计算相对误差。

解：先计算此时用户的二次功率，将其作为近似的真值 P_0，即

$$P_0 = \sqrt{3}\times380\times100\times\frac{1}{100}\times0.9W = 594W = 0.594kW$$

由电能表常数测算二次功率为

$$P' = \frac{N}{AT} = \frac{24}{1200\times\dfrac{100}{3600}}kW = 0.720kW$$

初略计算相对误差为

$$\gamma = \frac{P' - P_0}{P_0}\times100\% = \frac{0.720 - 0.594}{0.594}\times100\% = 21.2\%$$

初略计算相对误差过大，电能计量装置运行不正常，需要进行检查。

对于三相直通表和单相表，负荷比较小，初略测定误差时，要求用户卸掉全部用电负

载，查电人员接上自己带来的功率为给定值的负载，如白炽灯泡、电阻炉等。

【例6-4】　用户一只 1.0 级三相四线电能表，脉冲常数为 1600imp/kW·h，卸掉用户所有负载，接上检查人员自带的 1kW 三相电炉负载，3min 发出 100 个脉冲，初略计算相对误差。

解：由电能表常数测算负载功率为

$$P' = \frac{N}{AT} = \frac{100}{1600 \times \frac{3}{60}} \text{kW} = 1.25 \text{kW}$$

初略计算相对误差为

$$\gamma = \frac{P' - P_0}{P_0} \times 100\% = \frac{1.25 - 1}{1} \times 100\% = 25\%$$

初略计算相对误差过大，需检查接线。

初略计算相对误差不能作为电能表真实误差进行记录、调整，只在判断异常计量时起参考作用。因为在确定负载功率的真值及测量值时都存在误差。例 6-3 中配电屏监视电压表的读数、钳形表的读数、$\cos\varphi$ 表的读数都存在误差，还有计时误差、数脉冲误差，使得所测算的真值 P_0 及测量值 P' 都有较大误差。例 6-4 中三相电炉负载的实际功率与标称值也存在误差。

6.3　互感器的合成误差

电压互感器、电流互感器都存在比差和角差，当使用互感器时，互感器二次侧的测量值 P_2 乘以铭牌变比不等于一次侧的真实值 P_1。互感器合成误差 e_h 的大小反映了这种偏差的大小，即

$$e_h = \frac{P_2 K_I K_U - P_1}{P_1} \times 100\% \tag{6-8}$$

式中，P_1 为一次功率真实值；P_2 为二次功率测量值；K_I 为电流互感器额定电流比；K_U 为电压互感器额定电压比。

以下介绍各种情况下互感器合成误差的计算方法。

为方便介绍，先将各公式中符号含义说明如下：

f_U——电压互感器比差；

f_I——电流互感器比差；

δ_U——电压互感器角差；

δ_I——电流互感器角差；

I_1——电流互感器一次电流；

I_2——电流互感器二次电流；

U_1——电压互感器一次电压；

U_2——电压互感器二次电压。

1. 仅接有电流互感器的单相电路

仅接有电流互感器的单相电路接线图和相量图如图 6-1 所示。

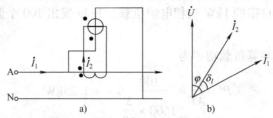

图 6-1　仅接有电流互感器的单相电路接线图和相量图

a）接线图　b）相量图

相量图中 φ 为功率因数角，δ_I 是电流互感器的角差。

一次功率为

$$P_1 = UI_1\cos\varphi \tag{6-9}$$

二次功率为

$$P_2 = UI_2\cos（\varphi - \delta_I） \tag{6-10}$$

则

$$e_h = \frac{P_2 K_I - P_1}{P_1} \times 100\% \tag{6-11}$$

根据电流互感器比差定义，$f_I = \dfrac{K_I I_2 - I_1}{I_2} \times 100\%$，则

$$I_2 = \frac{I_1}{K_I}\left(1 + \frac{f_I}{100}\right) \tag{6-12}$$

将式（6-12）代入式（6-10），再将式（6-9）、式（6-10）代入式（6-8）得

$$
\begin{aligned}
e_h &= \frac{P_2 K_I - P_1}{P_1} \times 100\% \\[2mm]
&= \frac{UI_1\left(1 + \dfrac{f_I}{100}\right)\cos(\varphi - \delta_I) - UI_1\cos\varphi}{UI_1\cos\varphi} \times 100\% \\[2mm]
&= \left[\frac{\left(1 + \dfrac{f_I}{100}\right)\cos(\varphi - \delta_I)}{\cos\varphi} - 1\right] \times 100\%
\end{aligned}
\tag{6-13}
$$

一般来讲 δ_I 很小，$\cos\delta_I \approx 1$，$\sin\delta_I \approx \delta_I$，故有

$$\cos(\varphi - \delta_I) = \cos\varphi\cos\delta_I + \sin\varphi\sin\delta_I = \cos\varphi + \delta_I\sin\varphi$$

将其代入式（6-13）得

$$e_h = \left(\frac{\cos\varphi + \delta_I\sin\varphi + \dfrac{f_I}{100}\cos\varphi + \dfrac{f_I\delta_I}{100}\sin\varphi}{\cos\varphi} - 1\right) \times 100\%$$

f_I、δ_I 均很小，乘积近似为零。则

$$e_{\mathrm{h}} = \left(\delta_I \tan\varphi + \frac{f_I}{100} \right) \times 100\% \qquad (6\text{-}14)$$

δ_I 单位是弧度，考虑到实际测试时 δ_I 是用分表示的，分和弧度的关系是 1 分 $= \dfrac{2\pi}{360 \times 60}$ 弧度 ≈ 0.000291 弧度，故式（6-14）可简化为

$$e_{\mathrm{h}} = f_I + 0.0291 \delta_I \tan\varphi \quad （\%） \qquad (6\text{-}15)$$

式（6-15）是感性负载时互感器合成误差的计算式。若是容性负载，φ 为负值，以 "$-\varphi$" 代入式（6-15）中的 φ，可得容性负载时的合成误差计算式为

$$e_{\mathrm{h}} = f_I - 0.0291 \delta_I \tan\varphi \quad （\%） \qquad (6\text{-}16)$$

从式（6-15）和式（6-16）不难看出，互感器合成误差的大小不仅与互感器比差、角差有关，还和负载功率因数有关。当 $\cos\varphi = 1.0$ 时，$e_{\mathrm{h}} = f_I$，角差不起作用。

2. 接有电流、电压互感器的单相电路

接有电流、电压互感器的单相电路接线图和相量图如图 6-2 所示。互感器一次侧功率

$$P_1 = U_1 I_1 \cos\varphi \qquad (6\text{-}17)$$

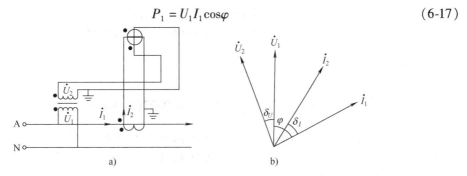

图 6-2　接有电流、电压互感器的单相电路接线图和相量图
a）接线图　b）相量图

二次功率为

$$P_2 = U_2 I_2 \cos(\varphi - \delta_I + \delta_U) \qquad (6\text{-}18)$$

互感器合成误差为

$$e_{\mathrm{h}} = \frac{P_2 K_U K_I - P_1}{P_1} \times 100\%$$

$$= \frac{K_U K_I U_2 I_2 \cos(\varphi - \delta_I + \delta_U) - U_1 I_1 \cos\varphi}{U_1 I_1 \cos\varphi} \times 100\% \qquad (6\text{-}19)$$

根据电流互感器比差定义，$f_U = \dfrac{K_U U_2 - U_1}{U_1} \times 100\%$，则

$$U_2 = \frac{U_1}{K_U} \left(1 + \frac{f_U}{100} \right) \qquad (6\text{-}20)$$

将式（6-12）、式（6-20）代入式（6-19）得

$$e_\text{h} = \left[\frac{\left(1 + \dfrac{f_U}{100}\right)\left(1 + \dfrac{f_I}{100}\right)\cos(\varphi - \delta_I + \delta_U)}{\cos\varphi} - 1 \right] \times 100\% \qquad (6\text{-}21)$$

同样，δ_U 以分为单位，忽略式中的微小量以作近似运算，可得

$$e_\text{h} = f_I + f_U + 0.0291(\delta_I - \delta_U)\tan\varphi\,(\%) \qquad (6\text{-}22)$$

以上是计算感性负载时互感器的合成误差计算式。若是容性负载，以"$-\varphi$"代入式（6-22）中，可得容性负载时的合成误差计算式。当 $\cos\varphi = 1.0$ 时，$e_\text{h} = f_I + f_U$。

在上面所有公式中，φ、δ_I、δ_U、f_I、f_U 均可正可负，当为负时，以负值代入即可。

3. 带电压、电流互感器的三相四线电路

三相四线电路带电压、电流互感器时，相当于三个单相电路带电压、电流互感器。每相电路可按式（6-22）求得合成误差，总的误差为各相误差的代数和除以 3。

根据式（6-22），A、B、C 三个相电路的合成误差及总误差为

$$e_{\text{h}A} = f_{IA} + f_{UA} + 0.0291(\delta_{IA} - \delta_{UA})\tan\varphi\,(\%)$$
$$e_{\text{h}B} = f_{IB} + f_{UB} + 0.0291(\delta_{IB} - \delta_{UB})\tan\varphi\,(\%)$$
$$e_{\text{h}C} = f_{IC} + f_{UC} + 0.0291(\delta_{IC} - \delta_{UC})\tan\varphi\,(\%)$$

$$
\begin{aligned}
e_\text{h} &= \frac{e_{\text{h}A} + e_{\text{h}B} + e_{\text{h}C}}{3} \\
&= \frac{1}{3}(f_{IA} + f_{IB} + f_{IC} + f_{UA} + f_{UB} + f_{UC}) + 0.0097(\delta_A + \delta_B + \delta_C)\tan\varphi\,(\%)
\end{aligned}
\qquad (6\text{-}23)
$$

式（6-23）中，$\delta_A = \delta_{IA} - \delta_{UA}$，$\delta_B = \delta_{IB} - \delta_{UB}$，$\delta_C = \delta_{IC} - \delta_{UC}$。其中 f_{IA}、f_{IB}、f_{IC} 分别为 A、B、C 相电流互感器比差；f_{UA}、f_{UB}、f_{UC} 分别为 A、B、C 相电压互感器比差。

在式（6-23）中，当 $\cos\varphi = 1.0$ 时，e_h 与角差无关，则

$$e_\text{h} = \frac{1}{3}(f_{IA} + f_{IB} + f_{IC} + f_{UA} + f_{UB} + f_{UC})$$

若三相四线电路只带电流互感器，则式（6-23）变为

$$e_\text{h} = \frac{1}{3}(f_{IA} + f_{IB} + f_{IC}) + 0.0097(\delta_{IA} + \delta_{IB} + \delta_{IC})\tan\varphi\,(\%) \qquad (6\text{-}24)$$

4. 带电流、电压互感器的三相三线电路

（1）V/v 接线互感器合成误差的计算。通常一次侧三相电压是基本对称的。现讨论一次侧三相电压对称系统中 V/v 接线互感器的合成误差。

一次侧三相电压对称时 V/v 接线的电流、电压互感器的电流、电压相量图如图 6-3 所示。

相量图中，$\dot{U}_A$、$\dot{U}_B$、$\dot{U}_C$、$\dot{U}_{AB}$、$\dot{U}_{CB}$ 为一次电压；$\dot{I}_A$、$\dot{I}_C$ 为电流互感器一次电流；$\dot{U}_a$、$\dot{U}_b$、$\dot{U}_c$、$\dot{U}_{ab}$、$\dot{U}_{cb}$ 为电压互感器二次电压；$\dot{i}_a$、$\dot{i}_c$ 为电流互感器二次电流；φ_A、φ_C 为一次侧 A、C 相功率角；δ_{U1} 为 AB 相电压互感器角差；δ_{U2} 为 CB 相电压互感器角差；δ_{I1} 为 A 相电流互感器角差；δ_{I2} 为 C 相电流互感器角差。

互感器一次功率为

$$
\begin{aligned}
P_1 &= U_{AB}I_A\cos(30° + \varphi_A) + U_{CB}I_C\cos(30° - \varphi_C) \\
&= \sqrt{3}U_1 I_1 \cos\varphi
\end{aligned}
$$

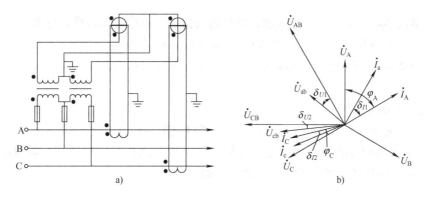

图 6-3　电压互感器 V/v 接线方式下的三相电路接线图及相量图

a）接线图　b）相量图

互感器二次功率为

$$P_2 = U_{ab}I_a\cos(30°+\varphi_a-\delta_{I1}+\delta_{U1}) + U_{cb}I_c\cos(30°-\varphi_c+\delta_{I2}-\delta_{U2})$$
$$= U_2I_2\cos(30°+\varphi-\delta_{I1}+\delta_{U1}) + U_2I_2\cos(30°-\varphi+\delta_{I2}-\delta_{U2})$$

将二次功率换算到一次侧，得

$$P_2' = U_{ab}I_a\cos(30°+\varphi_a-\delta_{I1}+\delta_{U1}) + U_{cb}I_c\cos(30°-\varphi_c+\delta_{I2}-\delta_{U2})$$
$$= K_{U1}K_{I1}U_2I_2\cos(30°+\varphi-\delta_{I1}+\delta_{U1}) + K_{U2}K_{I2}U_2I_2\cos(30°-\varphi+\delta_{I2}-\delta_{U2})$$

式中 K_{U1}、K_{U2}、K_{I1}、K_{I2} 分别为第一、二元件所用互感器的额定电压比、电流比。将式（6-12）、式（6-20）代入可得

$$P_2' = U_1I_1\left(1+\frac{f_{U1}}{100}\right)\left(1+\frac{f_{I1}}{100}\right)\cos(30°+\varphi-\delta_{I1}+\delta_{U1})$$
$$+ U_1I_1\left(1+\frac{f_{U2}}{100}\right)\left(1+\frac{f_{I2}}{100}\right)\cos(30°-\varphi+\delta_{I2}-\delta_{U2})$$

故合成误差为

$$e_h = \frac{P_2'-P_1}{P_1}\times100\%$$

$$= \left[\frac{U_1I_1\left(1+\dfrac{f_{U1}}{100}\right)\left(1+\dfrac{f_{I1}}{100}\right)\cos(30°+\varphi-\delta_{I1}+\delta_{U1})}{\sqrt{3}U_1I_1\cos\varphi}\right.$$

$$\left.+\frac{U_1I_1\left(1+\dfrac{f_{U2}}{100}\right)\left(1+\dfrac{f_{I2}}{100}\right)\cos(30°-\varphi+\delta_{I2}-\delta_{U2})}{\sqrt{3}U_1I_1\cos\varphi}-1\right]\times100\%$$

$$= \left[\frac{\left(1+\dfrac{f_{U1}}{100}\right)\left(1+\dfrac{f_{I1}}{100}\right)\cos(30°+\varphi-\delta_{I1}+\delta_{U1})}{\sqrt{3}\cos\varphi}\right.$$

$$\left.+\frac{\left(1+\dfrac{f_{U2}}{100}\right)\left(1+\dfrac{f_{I2}}{100}\right)\cos(30°-\varphi+\delta_{I2}-\delta_{U2})}{\sqrt{3}\cos\varphi}-1\right]\times100\%$$

同样，δ_{I1}、δ_{I2}、δ_{U1}、δ_{U2} 以分表示，同时约去微小量以作近似运算，可得

$$e_{\mathrm{h}} = 0.5(f_{I1} + f_{I2} + f_{U1} + f_{U2}) + 0.0084[(\delta_{I1} - \delta_{U1}) - (\delta_{I2} - \delta_{U2})]$$
$$+ 0.289[(f_{I2} + f_{U2}) - (f_{I1} + f_{U1})]\tan\varphi + 0.0145[(\delta_{I1} - \delta_{U1}) + (\delta_{I2} - \delta_{U2})]\tan\varphi(\%)$$
$$\tag{6-25}$$

当 $\cos\varphi = 1.0$ 时，则

$$e_{\mathrm{h}} = 0.5(f_{I1} + f_{I2} + f_{U1} + f_{U2}) + 0.0084[(\delta_{I1} - \delta_{U1}) - (\delta_{I2} - \delta_{U2})] \tag{6-26}$$

（2）星形联结时互感器合成误差的计算。如电压互感器是星形联结，测得的是每相比差和角差，则可换算成线电压的比差和角差，即

$$f_{U1} = \frac{1}{2}(f_{UA} + f_{UB}) + 0.0084(\delta_{UA} - \delta_{UB})(\%) \tag{6-27}$$

$$\delta_{U1} = \frac{1}{2}(\delta_{UA} + \delta_{UB}) + 9.924(f_{UA} - f_{UB})(\text{分}) \tag{6-28}$$

$$f_{U2} = \frac{1}{2}(f_{UC} + f_{UB}) + 0.0084(\delta_{UC} - \delta_{UB})(\%) \tag{6-29}$$

$$\delta_{U2} = \frac{1}{2}(\delta_{UC} + \delta_{UB}) + 9.924(f_{UC} - f_{UB})(\text{分}) \tag{6-30}$$

式中，f_{UA}、f_{UB}、f_{UC} 分别为 A、B、C 各相电压互感器的比差；δ_{UA}、δ_{UB}、δ_{UC} 分别为 A、B、C 各相电压互感器的角差；f_{U1}、f_{U1} 及 δ_{U1}、δ_{U2} 分别是 AB 相和 CB 相电压互感器的比差和角差。

将以上折算公式代入式（6-25）便可计算合成误差。

【例 6-5】 一只单相电能表，经过一只电流互感器接入回路，该互感器在 I_{b} 时的误差为 $f_I = -0.1\%$，$\delta_I = -20'$。求功率因数为 1 时的互感器合成误差。

解： $e_{\mathrm{h}} = f_I + 0.0291\delta_I\tan\varphi = -0.1\%$

【例 6-6】 一只单相电能表通过互感器接于单相电路，互感器的误差试验结果见表 6-1，求以下情况的合成误差：① $I = I_{\mathrm{b}}$，$\cos\varphi = 1$；② $I = I_{\mathrm{b}}$，$\cos\varphi = 0.5$（L）；③ $I = I_{\mathrm{b}}$，$\cos\varphi = 0.8$（C）。

表 6-1　互感器的误差试验结果

试验项目	误差		试验项目	误差	
电压互感器	$f_U = -0.2\%$	$\delta_U = 20'$	电流互感器	I_{b} 时	$f_I = 0.2\%$　$\delta_I = 30'$

解： ① $\cos\varphi = 1$ 时，$\tan\varphi = 0$，则

$$e_{\mathrm{h}} = f_I + f_U = 0.2 - 0.2 = 0$$

② $\cos\varphi = 0.5$（L）时，$\varphi = 60°$，$\tan\varphi = \sqrt{3}$，则

$$e_{\mathrm{h}} = f_I + f_U + 0.0291(\delta_I - \delta_U)\tan\varphi = -0.2 + 0.2 + 0.0291 \times (30' - 20') \times \sqrt{3}$$
$$\approx 0.5\%$$

③ $\cos\varphi = 0.8$（C）时，$\tan\varphi = -0.75$，则

$$e_{\mathrm{h}} = -0.2 + 0.2 + 0.0291 \times (30' - 20') \times (-0.75) \approx 0.1875\%$$

【例 6-7】 三相四线电路中，各互感器误差试验数据见表 6-2。求：① $\cos\varphi = 0.5$，I_{b}；② $\cos\varphi = 1.0$，I_{b} 时的互感器合成误差。

表6-2　互感器误差试验数据

试验项目		误　差	试验项目			误　差
电压 互感器	A	$f_{UA} = -0.2\%$　$\delta_{UA} = 10'$	电流 互感器	I_b 时	A	$f_{IA} = -0.2\%$　$\delta_{IA} = 12'$
	B	$f_{UB} = -0.1\%$　$\delta_{UB} = 7'$			B	$f_{IB} = -0.3\%$　$\delta_{IB} = 5'$
	C	$f_{UC} = -0.3\%$　$\delta_{UC} = 8'$			C	$f_{IC} = -0.1\%$　$\delta_{IC} = 18'$

解：①$\delta_A = 12' - 10' = 2'$；$\delta_B = 5' - 7' = -2'$；$\delta_C = 18' - 8' = 10'$，$\cos\varphi = 0.5$，$\tan\varphi = \sqrt{3}$。代入式（6-23）可得

$$e_h = \frac{1}{3}(f_{IA} + f_{IB} + f_{IC} + f_{UA} + f_{UB} + f_{UC}) + 0.0097(\delta_A + \delta_B + \delta_C)\tan\varphi$$

$$= \frac{1}{3}(-0.2 - 0.3 - 0.1 - 0.2 - 0.1 - 0.3)\% + 0.0097(2' - 2' + 10') \times \sqrt{3}e_h\%$$

$$\approx (-0.4 + 0.17)\% = -0.23\%$$

②$\cos\varphi = 1.0$，$\tan\varphi = 0$，则

$$e_h = \frac{1}{3}(-0.2 - 0.3 - 0.1 - 0.2 - 0.1 - 0.3)\% \approx -0.4\%$$

【例6-8】　三相三线电路，电压互感器采用 V/v 接线，各互感器试验数据见表6-3。求：$0.5I_b$，$\cos\varphi = 1.0$ 时的互感器合成误差。

表6-3　互感器试验数据

试验项目		误　差	试验项目			误　差
电压 互感器	AB	$f_{UAB} = -0.3\%$　$\delta_{UAB} = 18'$	电流 互感器	$0.5I_b$ 时	A	$f_{IA} = +0.2\%$　$\delta_{IA} = 12'$
	CB	$f_{UCB} = -0.2\%$　$\delta_{UCB} = 14'$			C	$f_{IC} = -0.1\%$　$\delta_{IC} = 8'$

解：$\cos\varphi = 1.0$，$\tan\varphi = 0$，则

$$e_h = 0.5(f_{I1} + f_{I2} + f_{U1} + f_{U2})\% + 0.0084[(\delta_{I1} - \delta_{U1}) - (\delta_{I2} - \delta_{U2})]\%$$
$$= 0.5(-0.3 - 0.2 + 0.2 - 0.1)\% + 0.0084[(12' - 18') - (8' - 14')]\%$$
$$= [0.5 \times (-0.4) + 0]\% = -0.2\%$$

6.4　电压互感器二次回路电压降误差

电压互感器二次端口电压应和电能表电压线圈上的电压相等。由于二次回路中熔断器、开关、端子排、导线、试验接线盒、接触电阻等原因，造成两者在数值和相位上不一致，从而产生了电能计量误差。这类误差与电压回路二次负荷、功率因数及连接方式等有关。实际使用中，这类误差作为电能计量装置综合误差的组成部分，有时比电压互感器误差大得多，所以也是我们关注的重点。

1. 单相电路的电压互感器二次回路电压降的误差

单相电路的电压互感器二次回路等效电路如图6-4所示。

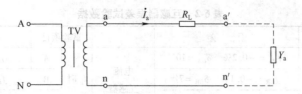

图 6-4　单相电路的电压互感器二次回路等效电路

图中 R_L 为二次回路中的等效电阻，Y_a 为单相电能表电压线圈的导纳，TV 出口电压为 U_{an}，电能表端电压为 $U_{a'n'}$。回路电压降为

$$\Delta \dot{U}_{an} = \dot{U}_{an} - \dot{U}_{a'n'} = \dot{I}_a R_L$$

电压互感器出口端计量功率为

$$P = U_{an} I_a \cos\varphi$$

电能表端计量功率为

$$P' = U_{a'n'} I_a \cos(\varphi - \delta)$$

根据比差的定义有

$$f = \frac{U_{a'n'} - U_{an}}{U_{an}} \times 100\%$$

则

$$U_{a'n'} = U_{an}\left(1 + \frac{f}{100}\right)$$

将 $U_{a'n'}$ 代入 P' 计算式，得

$$P' = \left(1 + \frac{f}{100}\right) U_{an} I_a \cos(\varphi - \delta)$$

回路等效电阻电压降引起的电能计量误差为

$$e_d = \frac{P' - P}{P} \times 100\%$$

$$= \frac{\left(1 + \dfrac{f}{100}\right) U_{an} I_a \cos(\varphi - \delta) - U_{an} I_a \cos\varphi}{U_{an} I_a \cos\varphi} \times 100\%$$

$$= \left[\frac{\left(1 + \dfrac{f}{100}\right)\cos\varphi\cos\delta + \sin\varphi\sin\delta}{\cos\varphi} - 1\right] \times 100\%$$

$$= \left[\left(1 + \frac{f}{100}\right)\cos\delta + \tan\varphi\sin\delta - 1\right] \times 100\%$$

一般来讲 δ 很小，因此 $\cos\delta \approx 1$，$\sin\delta \approx \delta$，再考虑 δ 的单位是用分表示的，所以

$$e_d = f + 0.0291\delta\tan\varphi \quad (\%) \tag{6-31}$$

二次回路电压降误差的大小不仅与电压互感器的二次回路的比差、角差有关，还和负载功率因数有关，即当 $\cos\varphi = 1.0$ 时，$e_d = f$，角差不起作用。

2. 三相四线电路的电压互感器二次回路电压降的误差

三相四线电路二次回路电压降的误差，相当于三个单相电路的电压互感器二次回路电压降的合成误差。每相电压降误差可按式（6-31）求得，总的电压降误差为各相电压降误差的代数和除以3。

三个分相电压降误差为

$$e_{da} = f_a + 0.0291\delta_a\tan\varphi(\%)$$

$$e_{db} = f_b + 0.0291\delta_b\tan\varphi(\%)$$

$$e_{dc} = f_c + 0.0291\delta_c\tan\varphi(\%)$$

则三相四线电路的电压互感器二次回路电压降的总误差为

$$e_d = \frac{1}{3}(e_{da} + e_{db} + e_{dc})$$

$$= \frac{1}{3}(f_a + f_b + f_c) + 0.0097(\delta_a + \delta_b + \delta_c)\tan\varphi(\%) \tag{6-32}$$

3. 三相三线电路的电压互感器二次回路电压降的误差

三相三线电能计量回路的等效电路如图 6-5 所示。

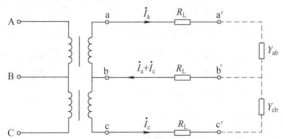

图 6-5 三相三线电能计量回路的等效电路

图中 R_L 为回路中的等效电阻，Y_{ab}、Y_{cb} 为三相电能表的两个电压线圈的导纳。TV 出口电压为 U_{ab}、U_{cb}，电能表端电压为 $U_{a'b'}$、$U_{c'b'}$。

回路电压降为

$$\Delta\dot{U}_{ab} = \dot{U}_{ab} - \dot{U}_{a'b'} = \dot{I}_a R_L + (\dot{I}_a + \dot{I}_c)R_L = 2\dot{I}_a R_L + \dot{I}_c R_L$$

$$\Delta\dot{U}_{cb} = \dot{U}_{cb} - \dot{U}_{c'b'} = \dot{I}_c R_L + (\dot{I}_a + \dot{I}_c)R_L = 2\dot{I}_c R_L + \dot{I}_a R_L$$

电压互感器出口端计量功率为

$$P = U_{ab}I_a\cos(30° + \varphi) + U_{cb}I_c\cos(30° - \varphi) = \sqrt{3}U_1 I_1\cos\varphi$$

电能表端计量的功率为

$$P' = U_{a'b'}I_a\cos(30° + \varphi + \delta_{ab}) + U_{c'b'}I_c\cos(30° - \varphi - \delta_{cb})$$

根据比差定义有 $f_{ab} = \dfrac{U_{a'b'} - U_{ab}}{U_{ab}}$; $f_{cb} = \dfrac{U_{c'b'} - U_{cb}}{U_{cb}}$。

则

$$U_{a'b'} = U_{ab}(1 + f_{ab})$$

$$U_{c'b'} = U_{cb}(1 + f_{cb})$$

将 $U_{a'b'}$、$U_{c'b'}$ 代入 P' 计算式，得

$$P' = (1 + f_{ab})U_{ab}I_a\cos(30° + \varphi + \delta_{ab}) + (1 + f_{cb})U_{cb}I_c\cos(30° - \varphi - \delta_{cb})$$
$$= (1 + f_{ab})UI\cos(30° + \varphi + \delta_{ab}) + (1 + f_{cb})UI\cos(30° - \varphi - \delta_{cb})$$

回路等效电阻电压降引起的电能计量误差为

$$e_d = \frac{P' - P}{P} \times 100\%$$

$$= \frac{(1 + f_{ab})UI\cos(30° + \varphi + \delta_{ab}) + (1 + f_{cb})UI\cos(30° - \varphi - \delta_{cb}) - \sqrt{3}UI\cos\varphi}{\sqrt{3}UI\cos\varphi} \times 100\%$$

$$= \frac{(1 + f_{ab})\cos(30° + \varphi + \delta_{ab}) + (1 + f_{cb})\cos(30° - \varphi - \delta_{cb}) - \sqrt{3}UI\cos\varphi}{\sqrt{3}\cos\varphi} \times 100\%$$

δ_{ab}、δ_{cb} 以分为单位，并略去数值项，可得近似计算式为

$$e_d = 0.5(f_{ab} + f_{cb}) + 0.00842(\delta_{cb} - \delta_{ab}) + 0.289(f_{cb} - f_{ab}) - 0.0145(\delta_{cb} - \delta_{ab})\tan\varphi(\%)$$

$$(6\text{-}33)$$

从该式可以看出，电压降误差的公式和电压互感器在忽略电流互感器误差情况下的公式是完全一致的。这是不难理解的，因为电压降是指的二次电压降，反映的是二次出口到电能表的线路电压降，其对计量的影响与电压互感器是完全一样的。因此，所有的二次电压降误差的计算方法与电压互感器的合成误差的计算公式是完全相同的。通常，可以将测得的二次电压降比差、角差与电压互感器的比差、角差代数相加，计算总的合成误差。

从上式我们也可以看出电压降和电压降引起的误差是两个不同的概念，电压降是指电压从 TV 出口到电能表时的电压降数值，而电压降引起的误差，是指这种电压降给电能计量带来的误差，两者的含义显然不同，当然在数值上也不相等。

4. 减小电压互感器二次回路电压降的方法

按照《电能计量装置安装接线规则》（DL/T 825—2002）4.2.8 节及《电能计量装置技术管理规程》（DL/T 448—2000）5.3 节的规定，Ⅰ、Ⅱ 类电能计量装置二次回路电压降的允许值为 $0.2\%U_{2N}$，其他类电能计量装置二次回路电压降的允许值为 $0.5\%U_{2N}$。U_{2N} 是电压互感器二次额定线电压。

通过对几种接线方式下电压互感器二次回路电压降误差的分析可知，其产生的原因和二次回路电阻以及负载阻抗有关，即电压降大小与二次回路电阻成正比、与负载阻抗成反比，同时与二次回路电流成正比。

减少电压互感器二次电压降的方法有很多，概括来说有两大类：一种是补偿法，另一种是自然法。补偿法利用补偿装置，对二次回路进行负阻抗补偿和利用补偿电压法进行直接补偿以达到降低电压降的目的，但是这两类方法也存在实施成本高、可靠性要求高和产生剩余电压降等原因，没有在电能计量应用中普及推广。自然法是从计量装置本身出发，挖掘减少电压互感器二次回路电压降的方法。自然法包括下列措施：

1）装设专用二次回路。电压互感器二次回路除接入必要的电能表外，不再接入其他仪表和装置，以避免增大负载阻抗。

2）增大导线截面积，减小导线长度。《电能计量装置安装接线规则》（DL/T 825—2002）4.2.8 节规定，电压互感器二次回路导线截面积应根据导线电压降不超过允许值进行

选择，但其最小截面积不得小于 2.5mm^2。在计量点的设置和安装时考虑到减小电压降的需要，可增大二次回路导线的截面积和减小二次回路导线长度的两个方面去实施，尽可能将电能表安装到电压互感器附近，以达到减小二次回路阻抗的目的，从而减小电压降。

3）减少接点，加强维护。取消回路中不必要的器件，定期对开关、端子等接触部分进行维护，减小其接触电阻。应定期进行测试，发现问题及早解决。

4）尽量少采用辅助接点及熔断器。

一般应尽可能采用自然法，只有在自然法不能完全达到有关要求时，在取得有关部门的许可下，才可采用补偿法。

6.5　电能计量装置综合误差

电能计量装置的综合误差是将电能表误差、互感器合成误差、电压互感器二次回路电压降造成的误差这三项数据进行代数相加，即电能计量装置综合误差为

$$e = e_b + e_h + e_d \tag{6-34}$$

式中，e_b 为电能表误差；e_h 为互感器合成误差；e_d 为电压互感器二次回路电压降造成的误差。

其中，电能表误差直接代入，互感器合成误差和电压互感器二次回路电压降误差则根据接线方式套用相应的计算公式，得出的结果分别代入。必须注意的是在计算综合误差时，其数据的取得应在条件相同的情况下才能进行。

按照《电能计量装置检验规程》（SD 109—1983）的规定，电能计量装置的综合误差，在电能表的经常运行负载（或月平均负载）下，不应超过表 6-4 的数值。

表 6-4　电能计量装置的综合误差

电能计量装置的类别	I	II	III
综合误差(%)	±0.7	±1.2	±1.2

在实际电能计量装置运行时，考虑到现场的停电情况、负荷情况、安全因素和设备问题，很难取得各装置和回路在相同条件下的误差数据。所以，综合误差的计算一般都是不同运行状态下的数据进行计算的结果。

因此，在电能表、互感器和电压互感器二次回路电压降这三个方面分别进行误差控制，同样能达到影响和降低电能计量装置综合误差的目的。

根据综合误差产生的原因及消除措施的可行性，一般采用以下方法减小综合误差：

1）选用高准确度等级的电能表和互感器。在严格遵守规程关于计量装置配置等级的前提下，尽量提高其准确度等级。

2）根据互感器误差合理组合配置。从互感器的合成误差公式知道，互感器的合成误差与比差、角差均有关，在配置互感器时应尽量做到接入电能表同一元件的电流互感器和电压互感器的比差符号相反，数值接近或相等；角差符号相同，数值接近或相等，从而得到最小的合成误差。

3）考虑电能表、互感器及电压互感器二次回路电压降误差配合。应使电能表误差与互感器及二次回路电压降合成误差数值相近，符号相反，从而部分抵消了互感器及二次回路电压降的合成误差。但由于电能表和互感器的误差在不同的负荷和功率因数下是变化的，因此

要完全利用这之间的误差抵消是不可能的，这种方法只是定性的。

4）尽量使互感器运行在额定负载内。互感器运行在额定负载内，其误差特性是稳定的、良好的。如果二次回路中接入仪表、装置过多，则使互感器准确度受到影响，从而增大了互感器合成误差。

5）减小电压互感器二次回路电压降误差。概括地说有两大类方法可减小电压降：一是补偿法；二是自然法。所谓自然法，就是从计量装置本身出发，挖掘减小电压互感器二次回路电压降的方法。具体方法上一节有所阐述，这里不再重复。

为了提高计量准确性，必须减小电能计量装置综合误差，应用多种方法、手段加以实施，保障供用电双方合法利益。

习 题 6

6-1 名词解释：绝对误差；相对误差；引用误差。

6-2 仪表的准确度是用何种误差来标记的？

6-3 某电能表型号为 DTZY1296，电能表常数为 6400imp/kW·h，当电能表发出 100 闪时，负载消耗了多少有功电能？

6-4 某居民用户 DDZY501 型电能表部分铭牌数据如下：

| 220V | 5（40）A | 50Hz | 3200imp/kW·h | ② |

若该电能表在1min 内发出 64 个脉冲，则此时负载的有功功率 $P =$？

6-5 某居民用户 DDZY149 型电能表部分铭牌数据如下：

| 220V | 5（60）A | 50Hz | 1600imp/kW·h | ② |

该户居民报告供电部门：电能表转得过快。供电部门到现场进行检验，测得该表发出 10 个脉冲用时 8.5min。当时该户居民家中只有一只 40W 的白炽灯在工作。计算后判断，该电能表是否转得过快？

6-6 接有电流互感器、电压互感器的单相计量电路，互感器的合成误差与哪些因素有关？请写出感性负载时互感器合成误差的表达式。

6-7 三相二元件有功电能经电流互感器（V 联结）、电压互感器（V/v 联结）接入电路测量三相电能，电能表和互感器的误差试验结果见表 6-5。求：电能表在满载，$\cos\varphi = 1.0$ 时，互感器的合成误差。

表 6-5 习题 6-7 表

类　别	试验项目	误差（%）
电能表	$I = I_N$　$\cos\phi = 1.0$	$\gamma_0 = 1.1$
	$I = I_N$　$\cos\phi = 0.5$（感性）	$\gamma_0 = -1.8$
	$I = I_N$　$\cos\phi = 0.5$（容性）	$\gamma_0 = 1.7$
电流互感器	$I = I_N$	$f_{I1} = -0.3, \delta_{I1} = 38'$
		$f_{I2} = +0.2, \delta_{I2} = 20'$
电压互感器		$f_{U1} = -0.3, \delta_{U1} = 21'$
		$f_{U2} = -0.4, \delta_{U2} = -16'$

6-8 电压互感器二次回路电压降误差的大小与哪些因素有关？请写出单相电压互感器二次回路电压降误差的表达式。

6-9　电压互感器二次回路电压降与二次回路电压降误差是否为同一概念？为什么？

6-10　《电能计量装置安装接线规则》（DL/T 825—2002）对各种类型的电能计量装置电压互感器二次回路电压降是如何规定的？

6-11　减小电压互感器二次回路电压降的方法有哪些？

6-12　电能计量装置的综合误差包括哪几部分？

6-13　按照《电能计量装置检验规程》（SD 109—1983）的规定，各类电能计量装置的综合误差应分别限制在什么范围内？

6-14　根据表 6-4 的数据，计算该电能计量装置的综合误差。

6-15　减小电能计量装置综合误差的方法有哪些？

第7章 电能计量装置的现场检验与检定

电能计量装置的现场检验是用标准器具和辅助设备，测定电能表、互感器在工作条件下的误差及电压互感器二次回路电压降，检测电能表和互感器的接线是否正确，并查看有无其他异常情况的过程。

电能计量装置的现场检验是电力企业在电能计量器具检定周期内增加的一项现场监督与校验工作，其目的是考核电能计量装置实际运行状况下的计量性能，以保证在用的电能计量装置准确、可靠地运行。

电能计量装置的检定是在标准条件下，利用各种检测设备，评定电能表、互感器的计量特性，确定其是否符合国家法定要求所进行的强制性检查工作，一般由国家计量管理部门负责。

电能计量装置的检定是将运行中的电能表、互感器定期轮换拆回，进行检修与实验室检定，其中的高压互感器可用现场检验作为周期检定。

7.1 有关规程对电能计量装置现场检验与检定的部分规定

《电能计量装置技术管理规程》（DL/T 448—2000）对电能表与互感器的现场检验、周期检定（轮换）与抽检、计量检定与修理的环境条件、计量标准器和标准装置、检定等作了如下规定。

1. 对电能表与互感器现场检验的规定

（1）电能计量技术机构应制订电能计量装置的现场检验管理制度，编制并实施年、季、月度现场检验计划。现场检验应执行 SD 109—1983 和本标准的有关规定。现场检验应严格遵守电业安全工作规程。

（2）现场检验用标准器准确度等级至少应比被检品高两个准确度等级，其他指示仪表的准确度等级应不低于 0.5 级，量限应配置合理。电能表现场检验标准应至少每三个月在试验室比对一次。

（3）现场检验电能表应采用标准电能表法，利用光电采样控制或被试表所发电信号控制开展检验。宜使用可测量电压、电流、相位和带有错接线判别功能的电能表现场检验仪。现场检验仪应有数据存储和通信功能。

（4）现场检验时不允许打开电能表罩壳和现场调整电能表误差。当现场检验电能表误差超过电能表准确度等级值时应在三个工作日内更换。

（5）新投运或改造后的 I、II、III、IV 类高压电能计量装置应在一个月内进行首次现场检验。

（6）I 类电能表至少每 3 个月现场检验一次；II 类电能表至少每 6 个月现场检验一次；III 类电能表至少每年现场检验一次。

（7）高压互感器每 10 年现场检验一次，当现场检验互感器误差超差时，应查明原因，制订更换或改造计划，尽快解决，时间不得超过下一次主设备检修完成日期。

（8）运行中的电压互感器二次回路电压降应定期进行检验。对 35kV 及以上电压互感器二次回路电压降，至少每两年检验一次。当二次回路负荷超过互感器额定二次负荷或二次回路电压降超差时应及时查明原因，并在一个月内处理。

（9）运行中的低压电流互感器宜在电能表轮换时进行电流比、二次回路及其负荷检查。

（10）现场检验数据应及时存入计算机管理档案，并应用计算机对电能表历次现场检验数据进行分析，以考核其变化趋势。

2. 对周期检定（轮换）与抽检的规定

（1）电能计量技术机构应根据电能表运行档案、本规程规定的轮换周期、抽样方案、地理区域和工作量情况等，应用计算机，制订出每年（月）电能表的轮换和抽检计划。

（2）运行中的 I、II、III 类电能表的轮换周期一般为 3～4 年。运行中的 IV 类电能表的轮换周期为 4～6 年。但对同一厂家、型号的静止式电能表可按上述轮换周期，到周期抽检 10%，做修调前检验，若满足下述第（4）条要求，则其他运行表计允许延长一年使用，待第二年再抽检，直到不满足下述第（4）条要求时全部轮换。V 类双宝石电能表的轮换周期为 10 年。

（3）对所有轮换拆回的 I～IV 类电能表应抽取其总量的 5%～10%（不少于 50 只）进行修调前检验，且每年统计合格率。

（4）I、II 类电能表的修调前检验合格率为 100%，III 类电能表的修调前检验合格率应不低于 98%，IV 类电能表的修调前检验合格率应不低于 95%。

（5）运行中的 V 类电能表，从装出第六年起，每年应进行分批抽样，做修调前检验，以确定整批表是否继续运行。

（6）低压电流互感器从运行的第 20 年起，每年应抽取 10% 进行轮换和检定，统计合格率应不低于 98%，否则应加倍抽取、检定、统计合格率，直至全部轮换。

（7）对安装了主副电能表的电能计量装置，主副电能表应有明确标志，运行中主副电能表不得随意调换，对主副表的现场检验和周期检定要求相同。两只表记录的电量应同时抄录。当主副电能表所计电量之差与主表所计电量的相对误差小于电能表准确度等级值的 1.5 倍时，以主电能表所计电量作为贸易结算的电量；否则应对主副电能表进行现场检验，只要主电能表不超差，仍以其所计电量为准；主电能表超差而副表不超差时才以副电能表所计电量为准；两者都超差时，以主电能表的误差计算退补电量，并及时更换超差表计。

3. 对计量检定与修理环境的规定

（1）电能计量技术机构应有足够面积的检定电能表和互感器的实验室，以及进行电能表修理和开展电压、电流互感器检修的工作间，制订试验室管理制度，并严格执行。

（2）电能表检定宜按单相、三相、常规性能试验、标准以及不同等级的区别，有分别的试验室。

（3）电能表、互感器的检定试验室和开展常规计量性能试验的试验室，其环境条件应符合有关检定规程的要求。电能表的试验室应有良好的恒温性能，温度场应均匀，并应设立与外界隔离的保温防尘缓冲间。

（4）检定电压互感器和检定电流互感器的试验室宜分开，且均应具有足够的高压安全工作距离；被检互感器和检定操作台应设装有闭锁机构的安全遮栏。

（5）电能表的外检修室，应具有吸尘装置，并与内检修工作室、恒温试验室分开。内、外检修工作室的温度均应保持在 15～30℃ 范围内。

（6）互感器检修间应有清灰除尘的装置以及必要的起吊设备。

（7）进入恒温试验室的人员，应穿戴防止带入灰尘的衣帽和鞋子。夏季在恒温试验室工作的计量检定人员必须配备防寒服。

4. 对计量标准器和标准装置的规定

（1）最高计量标准器等级应根据被检计量器具的准确度等级、数量、测量量程和计量检定系统表的规定配置。

（2）计量标准器应配备齐全。工作标准器的配置，应根据被检计量器具的准确度等级、规格、工作量大小确定。

（3）计量标准装置应选用检定工作效率高且带有数据通信接口的产品。如全自动、多表位且能和管理计算机联网等功能的装置。检定数据应能自动存入管理计算机且不能被人为改变。选用时应首先征求上级管理部门意见。

（4）电能计量标准装置必须经过计量标准考核合格并取得计量标准合格证后才能开展检定工作。计量标准考核（复查）应执行 JJG 1033—2008 的规定。

（5）开展电能表检定的标准装置，应按 JJG 597—2005 的要求定期进行检定，并具有有效期内的检定证书。

（6）电能计量标准装置应定期及在计量标准器送检前后或修理后进行比对，建立计算机数据档案、考核其稳定性。

（7）电能计量标准装置考核（复查）期满前 6 个月必须重新申请复查；更换主标准器后应按 JJG 1033—2008 的规定办理有关手续；环境条件变更时应重新考核。

（8）电能计量标准器、标准装置经检定不能满足等级要求但能满足低一等级的各项技术指标的，经本省省级电网经营企业的电能计量技术机构技术认可和本省省级电网经营企业批准允许降级使用。

（9）电能计量技术机构应制订电能计量标准维护管理制度，建立计量标准装置履历书。电能计量标准应明确专人负责管理。

5. 对检定的规定

（1）电能计量检定应执行计量检定系统表和计量检定规程。对尚无计量检定规程的，省级电网经营企业应根据产品标准制订相应的检定方法。对大批量同厂家、同型号、同规格电能表的检定，经长期使用，严格调整误差和控制误差曲线，并确认在全部有效负荷范围内符合计量检定规程规定的前提下，可适当减少误差测量点，但要经省级电网经营企业电能计量管理部门批准。

（2）检定电能表时，其实际误差应控制在规程规定基本误差限的 70% 以内。

（3）经检定合格的电能表在库房中保存时间超过 6 个月应重新进行检定。

（4）电能表、互感器的检定原始记录应逐步实现无纸化，并应及时存入管理计算机进行管理。原始记录至少保存三个检定周期。

（5）经检定合格的电能表应由检定人员实施封印。

（6）电能计量技术机构应指定人员，对检定合格的电能表每周随机抽取一定比例，用指定的同一台标准装置复检，并对照原记录考核每个检定员的检定工作质量、所选用电能表的质量和核对标准装置的一致性。

（7）临时检定。

1）电能计量技术机构受理用户提出有异议的电能计量装置的检验申请后，对低压和照明用户，一般应在 7 个工作日内将电能表和低压电流互感器检定完毕；对高压用户，应根据 SD 109—1983 的规定在 7 个工作日内先进行现场检验。现场检验时的负荷电流应为正常情况下的实际负荷。如测定的误差超差时，应再进行试验室检定。

2）电能表临时检定时，按下列用电负荷确定误差。

对高压用户或低压三相供电的用户，一般应按实际用电负荷确定电能表的误差，实际负荷难以确定时，应以正常月份的平均负荷确定误差，即

$$平均负荷 = \frac{正常月份用电量（kW \cdot h）}{正常月份的用电小时数（h）}$$

对照明用户一般应按平均负荷确定电能表误差，即

$$平均负荷 = \frac{上次抄表期内的月平均用电量（kW \cdot h）}{30 \times 5（h）}$$

照明用户的平均负荷难以确定时，可按下列方法确定电能表误差，即

$$误差 = \frac{I_m 时的误差 + 3 \times I_b 时的误差 + 0.2 \times I_b 时的误差}{5}$$

式中，I_m 为电能表的额定最大电流；I_b 为电能表的标定电流。

注：各种负荷电流时的误差，按负荷功率因数为 1.0 时的测定值计算。

3）临时检定电能表、互感器时不得拆启原封印。临时检定的电能表、互感器暂封存 1 个月，其结果应及时通知用户，供用户查询。

4）电能计量装置现场检验结果应及时告知用户，必要时转有关部门处理。

5）临时检定均应出具检定证书或检定结果通知书。

（8）修调前检验。

1）修调前检验的负荷点为：$\cos\varphi = 1.0$ 时 I_m、I_b 和 $0.1I_b$ 三点。

2）修调前检验的判定误差为

$$误差 = \frac{I_m 时的误差 + 3 \times I_b 时的误差 + 0.2 \times I_b 时的误差}{5}$$

误差的绝对值应小于电能表准确度等级值。

3）修调前检验电能表不允许拆启原封印。

7.2　电能计量装置的检定及检验装置

1. 电能表检定装置

电能表检定装置是交流电能表检定装置的简称，用于交流电能表的检定，是向被检电能表提供电能并能测量此电能的器具的组合。

（1）检定装置的结构。

电能表检定装置按结构可分为电工式检定装置和电子式检定装置。

电工式电能表检定装置一般由低通滤波器、电子稳压器、变压器移相器、自耦调压器、

升压器、升流器、标准电压互感器、标准电流互感器、标准电能表、光电采样器、控制器、挂表架等组成。

电子式电能表检定装置的构成则一般由电子式程控功率源、电子式多功能标准表（或标准功率电能表）、标准电压互感器和标准电流互感器（有些装置不需要互感器）、误差计算器（有的产品做在标准表内）、误差显示器、数字式监视表、光电采样器、手动控制器、计算机、挂表架等组成。挂表架的表位数根据用户需求确定。三相检定装置的表位数一般有3、6、8、12、16、24 等；单相检定装置的表位数一般有6、12、16、24、32、48 等。

图 7-1、图 7-2 分别是三相、单相电子式电能表检定装置。

图 7-1　12 表位三相电子式电能表检定装置

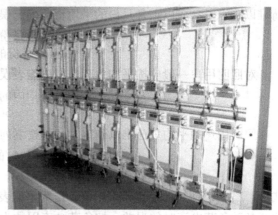

图 7-2　24 表位单相电子式电能表检定装置

功率源的负载能力（输出容量）由表位数决定。电压输出一般按每只表 12VA 配置，电流输出一般按每只表 20～30VA 配置。

挂表架上一般配置有专用的电流接线柱（平时用短接片短接）和标准表输出脉冲接口，供检验检定装置时接入标准表用。

挂表架上一般配置有对色标按钮，供手动对色用。对标方式有电压对标和电流对标两种。电流对标方式较复杂，但效果较好。

为了方便操作，通常采用集中翻转光电头方式。

为了对机械式电能表进行倾斜影响试验，检定装置上一般都设置有一个可调节挂表角度的表位。

自动检定时，全部操作都在计算机操作软件的控制下进行。手动操作时，通过手动控制器或标准键盘完成。

（2）检定装置的基本工作原理。

图 7-3 是典型的电工式电能表检定装置的原理框图。电源首先经低通滤波器滤除市电电源中的高次谐波，以改善波形。然后经电子稳压器进行稳压，经稳压后的电源分两路，一路采用变压器移相器改变电压相位，以获得所要求的功率因数。电

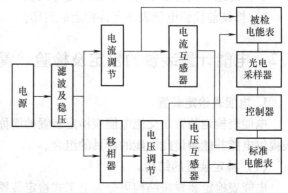

图 7-3　典型的电工式电能表检定装置的原理框图

压调节包括自耦调压器和升压器，电流调节包括自耦调压器和升流器。升压器、升流器用于扩展电压、电流量程，同时起隔离市电的作用。经电流调节、电压调节的电流、电压，一路直接供被检电能表，一路经标准电流互感器、标准电压互感器供标准电能表。电压互感器和电流互感器的主要作用在于扩展标准表的量程，使标准表电压、电流标准化。光电采样器通过对感应式电能表转盘光滑边沿及其色标对光线的不同反射作用，将转盘转数转换为电脉冲信号，供控制器进行累计，当达到控制器的预定转数时，切断标准表电压线路，再根据标准表脉冲读数与设定读数计算被检表误差。

电子式三相电能表检定装置原理框图如图7-4所示。程控三相功率源根据计算机发出的指令，输出设定大小和角度的电压、电流，一路接于被检表，一路接于标准电能表。计算机根据标准表脉冲读数与设定脉冲读数计算出被检表误差。

在电子式电能表检定装置中，各个表位的电能表常数往往可以不

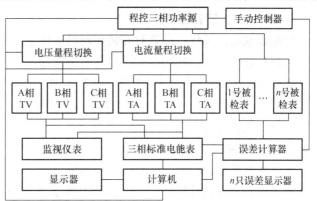

图7-4 电子式三相电能表检定装置原理框图

同，计算机可以根据输入的不同表位的不同常数自动算出不同表位的设定脉冲数。现代的电子式电能表检定装置已逐步成为智能设备，不但能够按照有关计量检定规程的要求，自动检定全部项目，自动计算误差，自动进行数据修约和判定检定结论，打印检定证书和检验记录，而且能够与计算机网络连接，实现区域性计量管理。

电子式电能表检定装置一般还配备有手动控制器，以便在计算机或其软件发生故障时，仍能进行手动操作。

（3）检验方法。

根据检验装置使用电源的不同，检验方法分为虚负荷法和实负荷法。

采用虚负荷法的检验装置中，电压回路和电流回路分开供电，电流回路电压很低，电压回路电流很低，电流与电压之间的相位由移相器人工设置。采用虚负荷法装置，可以检验额定电压很高、标定电流很大的电能表，而实际供给的电能或功率是很小的。实验室常用的检验装置为虚负荷法装置。我国的电能表检验规程规定，除指明的检验装置外，均为虚负荷法装置。

采用实负荷法的检验装置中，电能表和功率表所测量的电能和功率，与负荷实际消耗或电源实际供给的电能或功率是一致的，流过仪表电流回路的电流是由加于相应电压回路上的电压在负荷上所产生的电流值。实负荷法装置在国外有些国家使用，在我国主要用于交流电能表的现场检验。当实负荷法装置用于实验室检验时，负载电流功率因数的调整是用调整负载阻抗的大小及性质来实现的。

根据检验装置所使用的主要标准器不同，检验方法分为瓦秒法和标准电能表法。

以已知恒定功率（W）乘以已知时间间隔（s）方式确定给予被试表电能的方法，称为瓦秒法。由于这种方法需要装置具有高稳定度的电源，以保证功率在确定的时间间隔内稳定，所以，目前已经很少应用。

将已知的电能量加给被检表的方法称为比较法，由于已知的电能量是由标准电能表提供的，所以又称为标准电能表法。由于标准电能表法实现了被检电能与已知电能直接比较的方法，这种方法使各种影响电能测量的误差大为减小，所以得到广泛应用。目前的电能表检验装置，无论是虚负荷法的还是实负荷法的，大部分都采用标准电能表法。

根据准确度等级，检定装置可分为 0.01 级、0.02 级、0.03 级、0.05 级、0.1 级、0.2 级、0.3 级等。

2. 电能表现场测试仪

电能表现场测试仪是指能对安装在现场运行中的电能表进行误差和相关量测试并对运行状态进行检查的设备，其功能主要有电能表现场校验和接线检查两大类。电能表现场测试仪按准确度等级分为 0.05 级、0.1 级、0.2 级、0.3 级（0.3 级为非优选型，其他等级可由用户和制造厂另行商定）；按电流接入方式分为经钳形互感器接入现场测试仪和直接接入式现场测试仪。交流电能表现场测试仪须符合相关的国家或行业标准。

3. 互感器检定装置

测量用互感器检验装置是向被检的测量用电压（电流）互感器供给电压（电流），并检验其测量误差及其他计量性能的所有设备组合，包括标准互感器、互感器校验仪、二次电压（电流）负荷箱、供电电压互感器、电压（电流）调节设备，以及互感器的一次和二次回路接线等。

按被检互感器的种类分为：电压互感器检验装置；电流互感器检验装置（包括用于检验特殊用途 S 级电流互感器的检验装置）；电压和电流互感器检验装置。

按采用交流检验线路相/线数分为：单相接线检验装置；单相和三相接线检验装置。

按准确度等级分为：0.01 级、0.02 级和 0.05 级互感器检验装置。

4. 互感器现场校验仪

互感器校验仪是一种测量工频电压（或电流）比例误差的仪器，当校验仪的工作电压（或电流）回路施加试验电压（或电流），差压（或差流）回路施加误差电压（或电流）时，校验仪可以通过电桥线路、电子线路或数字电路测量得到差压（或差流）相量相对于工作电压（或电流）相量的同相分量和正交分量，通过计算即可得到被比较的电压（或电流）相量与工作电压（或电流）相量的幅值比（比值差）和相位差。如果被比较的电压（或电流）相量超前工作电压（或电流）相量，相位差为正，滞后为负。

从测量原理上，校验仪可分为电工式和电子式两大类。电工式校验仪通过电桥线路测量，需要进行电桥的平衡调节。电子式校验仪通过电子线路或数字电路测量，测量结果用数字显示，可以具有自动变换量程的功能。

校验仪的测量示值有三种表示方式：一般情况下比值差用百分数（%），相位差用［角］分（′）；或者比值差用百分数（%），相位差用厘弧度（crad）；或者比值差用 10 的负指数次幂（10^{-n}），相位差用弧度乘 10 的负指数次幂（10^{-n}rad）。

互感器校验仪按准确度等级分为 1 级、2 级、3 级。

互感器校验仪检定根据要求和项目的不同，可分为首次检定、后续检定和使用中检定三种。互感器校验仪检定规程适用于采用差值法原理、工作频率为 50Hz、测量电流互感器和电压互感器比例误差的互感器校验仪。

7.3　电能计量装置检定及现场检验的内容

1. 电能表的检定项目

（1）标准电能表检定项目：

1）工频耐压和绝缘电阻试验。

2）直观检查和通电检查。

3）启动和停止试验。

4）确定基本误差。

5）确定标准偏差估计值。

6）确定 24h 变差（在必要时做）。

7）确定 8h 连续工作基本误差改变量（在必要时做）。

（2）安装式电能表检定项目：

1）工频耐压试验。

2）直观检查和通电检查。

3）启动、潜动试验。

4）校核计度器示数。

5）确定电能测量基本误差。

6）确定电能测量标准偏差估计值。

7）确定日计时误差和时段投切误差。

8）确定需量误差。

9）确定需量周期误差。

其中直观检查应检查电能表的标志是否完全，字迹是否清楚；开关、旋钮、拨盘等换挡是否正确，外部端钮是否损坏；标准电能表是否备有控制累计电能启动和停止的功能（或装置）；安装式电能表有没有防止非授权人输入数据或开表操作的措施。

通电检查应检查电能表的显示数字是否清楚、正确；标准电能表显示位数和显示其被检表误差的分辨率是否符合规定；显示能否回零，显示时间和内容是否正确、齐全；标准电能表在额定输入功率下，高频脉冲输出频率是否符合规定；基本功能是否正常。

启动试验是在参比电压、参比频率功率因数为 1 的条件下，在负载电流不超过表 7-1 的规定时，单相标准电能表应启动并累计计数，安装式电能表应有脉冲输出或代表电能输出的指示灯闪烁。

表 7-1　电能表启动电流

被检表准确度等级	0.02 级	0.05 级	0.1 级	0.2 级	0.5 级	1.0 级	2.0 级
启动电流值	$0.0002I_b$	$0.0005I_b$	$0.001I_b$	$0.001I_b$	$0.001I_b$	$0.004I_b$ $(0.002I_b)$	$0.005I_b$ $(0.003I_b)$

注：（　）内的电流值适用于经互感器接入的电能表。

潜动试验是电压回路加参比电压、电流回路无电流时，安装式电能表在启动电流下产生 1 个脉冲的 10 倍时间内，测量输出应不多于 1 个脉冲。

停止试验是当用某种方法使电能表停止计数时，电能表显示数字应稳定不变。

2. 电能表现场检验的项目

（1）一般检查。

（2）电能表接线检查。

（3）与电能表相连的电压互感器二次导线电压降测量。

（4）电能表工作误差校准。

（5）核对计时误差。

（6）检查分时计度（多费率）电能表计度器读数的组合误差。

（7）检查数据处理单元与电能测量单元计度器的读数相差值。

（8）检查预付费电能表电量计量误差。

在现场实际运行中测定电能表的误差宜用标准电能表法。标准电能表应通过专用的试验接线盒端子接入电能表回路，其接线方式应遵照以下要求：

（1）标准电能表的接入不应影响被检电能表的正常运行状态。

（2）标准电能表的电流线应串联接入被检电能表的电流回路；标准电能表的电压线应并联接入被检电能表的电压回路，其中，电流接入时可分为直接接入和经钳形电流互感器接入两种方式。

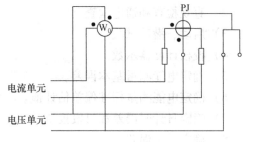

（3）应确保标准电能表和被检电能表接入的是同一相电压和电流。

单相有功、三相四线有功、三相三线有功电能表现场检验接线图分别如图 7-5 ~ 图 7-7 所示，其中 W_0、W_{01}、W_{02}、W_{03} 分别代表应用于

图 7-5　单相有功电能表现场检验接线图

单相有功、三相四线有功、三相三线有功接线图中的标准电能表，PJ 为被检电能表。

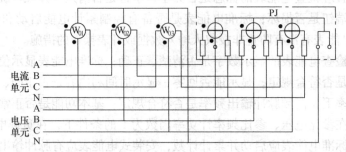

图 7-6　三相四线有功电能表现场检验接线图

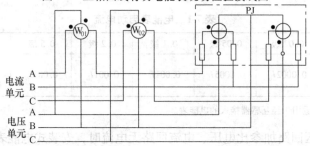

图 7-7　三相三线有功电能表现场检验接线图

3. 电能计量装置的接线检查

检查相序：用相序表或相位表检查接入电能表电源相序的正确性。

检查相别：用现场校准仪检查电压和电流的相别。

检查相位：用现场校准仪检查各相电压、各相电流之间的相位差；以及检查各个测量元件的电压与电流之间的相位差。

检查电能表的接线：用电流表、电压表、功率表、相位表检查电能表（单相、三相三线、三相四线）的接线，如果不易判断接线正确性，可以使用断 B 相电压法，A、C 相电压交叉法，转动方向法和六角图法等检查电能表的接线，也可以用带有接线检查功能的现场校准仪检查接线。

4. 测量电压互感器二次回路导线压降

电压互感器二次回路的电压降引起的误差宜用互感器校验仪直接测量，也可以用其他专用仪器测量。

5. 电流互感器的检定项目

（1）外观检查。

（2）绝缘电阻测量。

（3）工频耐压试验。

（4）退磁。

（5）绕组极性检查。

（6）基本误差测量。

（7）稳定性试验。

电流互感器比较法检定线路图如图 7-8 所示。

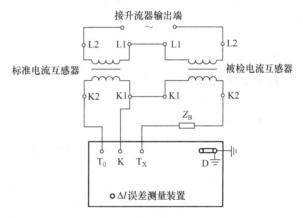

图 7-8　电流互感器比较法检定线路图

6. 电压互感器的检定项目

（1）外观检查。

（2）绝缘电阻测量。

（3）绝缘强度试验。

（4）绕组极性检查。

（5）基本误差测量。

（6）稳定性试验。

使用标准电压互感器作为标准器的线路图（低电位端测量误差）如图 7-9 所示。

当差压从低电位端取出时，标准器一次和二次绕组之间的电容电流反向流入被检互感器，所引起的附加误差不得大于被检互感器误差限值的 1/20。

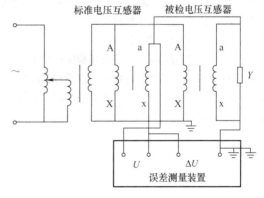

图 7-9　使用标准电压互感器作为标准器的线路图
（低电位端测量误差）

接线时应分别完成一次回路、二次差压回路和校验仪工作电压回路的接线，最后在两个回路的接地点用各自的接地导线接地。

另外，检定线路中允许用辅助互感器或互感器的辅助绕组供电，其准确度不低于 0.5

级。

7. 电流互感器现场检验项目

（1）首次检验的计量用电流互感器测试项目如下（注：应在做完绝缘强度试验，确保被测设备绝缘性能良好后，方能进行。试验按有关的标准和规程的规定进行）：

1）直观检查。

2）绕组的极性检查。

3）充磁和退磁。

4）计量绕组的误差测试（包括在现场实际二次负荷下按实际接线对互感器误差的测试）。

5）实际二次负荷测试。

（2）运行中的计量用电流互感器周期检验项目如下：

1）计量绕组的误差测试（包括在现场实际二次负荷下按实际接线对互感器误差的测试）。

2）退磁。

3）实际二次负荷测试。

8. 电压互感器现场检验项目

（1）检验计量绕组误差。

（2）测试二次回路实际负荷。

习　题　7

7-1　什么是电能计量装置的现场检验？什么是电能计量装置的检定？

7-2　《电能计量装置技术管理规程》（DL/T 448—2000）对各类电能计量装置的电能表的现场检验周期是如何规定的？对各类高压电能计量装置的首次现场检验是如何规定的？

7-3　《电能计量装置技术管理规程》（DL/T 448—2000）对高压互感器的现场检验周期是如何规定的？

7-4　运行中的Ⅰ、Ⅱ、Ⅲ类电能表的轮换周期一般为几年？

7-5　安装式电能表的检定项目有哪些？

7-6　电能表现场检验的项目有哪些？

7-7　请画出单相有功电能表的现场检验接线图。

7-8　请画出三相四线有功电能表的现场检验接线图。

7-9　请画出三相三线有功电能表的现场检验接线图。

7-10　电能计量装置的接线检查项目有哪些？

第 8 章　电能计量中的反窃电技术

窃电是指以非法占用电能为目的，采用隐蔽或者其他手段不计量或者少计量用电的行为。窃电不仅给供电企业造成巨大经济损失，而且危害了电力的安全运行，必须加以预防和制止，依法惩治。本章将介绍电力管理部门对窃电行为进行查处的法律依据，分析常见的窃电手段，最后重点讲述反窃电的管理与技术。

8.1　反窃电的法律知识

随着社会的不断进步，电力已经普及到各家各户，但在电力不断普及的同时，窃电行为也不断猖獗，窃电手段的先进和方法的多样使得窃电行为呈现新型化，一直以来都屡禁不止。为维护供用电秩序，保障电网运行安全，保护供用电双方的合法权益，必须预防和制止窃电行为，依法惩治违约用电、窃电行为。

《供电营业规则》第 101 条和《电力供应与使用条例》第 31 条均作出了禁止窃电的规定，并明确了窃电行为的具体方式。

《电力供应与使用条例》第 31 条规定：禁止窃电行为。窃电行为包括：

（1）在供电企业的供电设施上，擅自接线用电。

（2）绕越供电企业的用电计量装置用电。

（3）伪造或者开启法定的或者授权的计量检查机构加封的用电计量装置封印用电。

（4）故意损坏供电企业用电计量装置。

（5）故意使供电企业的用电计量装置不准或者失效。

（6）采用其他方法窃电。

窃电行为的处理可依据《供用电营业规则》第 102 条规定：供电企业对查获的窃电者，应予制止并可当场中止供电。窃电者应按所窃电量补交电费，并承担补交电费三倍的违约使用电费。拒绝承担窃电责任的，供电企业应报请电力管理部门依法处理。窃电数额较大或情节严重的，供电企业应提请司法机关依法追究刑事责任。

窃电量的多少可依据《供电营业规则》第 103 条的下述规定进行计算。

（1）在供电企业的供电设施上，擅自接线用电的，所窃电量按私接设备额定容量（千伏安视同千瓦）乘以实际使用时间计算确定。

（2）以其他行为窃电的，所窃电量按计费电能表标定电流值（对装有限流器的，按限流器整定电流值）所指的容量（千伏安视同千瓦）乘以实际窃用的时间计算确定。

窃电时间无法查明时，窃电日数至少以一百八十天计算，每日窃电时间：电力用户按 12 小时计算；照明用户按 6 小时计算。

8.2 窃电的一般手段

从电能表的基本计量原理可知，电能表能否正确计量，主要决定于接入电能表的电压、电流、相位是否正确，破坏其中任何一个因素，都将导致电能表不计量或少计量，从而达到窃电的目的。此外还可以通过手段使电能计量装置误差变大或者直接绕越电能计量装置用电，甚至采用智能手段窃电。因此归纳起来，根据窃电原理不同，窃电的一般手段大致分为欠电压法、欠电流法、移相法、扩差法、无表法和智能法窃电六种类型，当然具体的表现手法多种多样。

1. 欠电压法窃电

窃电者通过改变电能表计量电压回路的正常接线，或人为制造计量电压回路故障，使电能表的电压线圈失电压或电压降低，从而导致电能表不计或少计电量，这类方法称为欠电压法。欠电压法窃电常见的表现手法有下述几种。

（1）使电压回路开路。

1）断开或空接电压回路接线，或拧松电压回路接线端子，或弄断电压线的线芯（这类手法用得较多）。

2）取下计量 TV 一次侧或二次侧熔断器，或将计量 TV 一次侧或二次侧熔断器的熔丝弄断。

3）打开电能表接线盒，断开或松动电能表的电压联片。

4）人为使电压回路的金属接触面（包括电压联片）形成氧化层或涂上绝缘材料，造成接触不良等。

（2）在电压回路串入电阻降压。

（3）改变电路接法。

1）将三相四线三元件电能表的表尾中性线接到某相相线上，然后把照明负荷全部或大部分接到这一相线上，致使表计不计或少计。

2）改变计量电压回路的接线（此类手法比较常见），如断开二次电压线，或将三只单相 TV 组成的$\curlyvee$-$\curlyvee$联结的 B 相二次反接等。

2. 欠电流法窃电

窃电者采用各种手段故意改变电能计量电流回路的正常接线或人为制造计量电流回路故障，造成电能表的电流线圈无电流或只通过部分电流，使电能表不计或少计电量，这类方法称为欠电流法。欠电流法窃电常见的表现手法有下述几种。

（1）使电流回路开路。手法与欠电压法中使电压回路开路相同。

（2）短接电流回路。用"U"形线短接电能表的电流进出线，或用细金属丝或"U"形线夹短接 TA 的一次或二次侧（此类手法较常见），或用细金属丝在途中短接电流二次线。

（3）改变电流回路接法。将单相表中性线和相线反接，将 TA 的 K1 端子用金属丝并联后接地，致使部分负载电流绕越电能表，或在电能表电流进线侧前端并接导线或负载分流。

（4）电子式电能表电流变换器前后加限流电阻以旁路电流采样信号。

3. 移相法窃电

窃电者通过改变电能表的正常接线，或采用一个外接电源，或利用电感和电容的特定接线方式以改变电能表线圈中的电压、电流的正常相位关系，导致电能表少计甚至倒计电量，这类方法称为移相法。移相法窃电常见的表现手法有下述几种。

（1）改变电压回路的接法。对调 TV 一次侧或二次侧的进出线，或改变 TV 至电能表的相序等。

（2）改变电流回路的接法。对调 TA 一次侧或二次侧的进出线，或对调电能表电流端子的进出线，或改变 TA 至电能表的相序等。

（3）加外部电源令电能表倒计。例如用具有电流和电压输出的手摇发电机或带蓄电池的逆变电源向电能表电流线圈输入反向电流，或在穿芯式电流互感器一次侧外加反向电流等。

4. 扩差法窃电

窃电者通过私拆电能表采用各种手法故意改变电能表的内部结构和性能，或改变计量互感器的内部结构，或采用外力损坏电能表，或改变计量设备的正常工作条件和状态及改变电能表的外部安装条件等手段，致使电能表本身的误差扩大而少计电量，这类方法称为扩差法。扩差法窃电常见的表现手法有下述几种。

（1）私拆电能表，改变电能表内部结构和性能。改变电子式电能表内部元件或功能模块，制造电子表内部接线、零件或联络部件故障或者改变电子表的电压、电流变换器的内部接线等。

（2）改变电流互感器的运行状态致使其出现较大的负误差。例如采取在穿芯孔加短路环或选择倍率不合适的 TA 等措施使得互感器的二次运行状态不正常，致使 TA 出现负误差。

【例 8-1】　某配电变压器容量为 50kVA，低压电流互感器变比为 30A/5A，运行后发现线损很高，经现场测量，当三相低压负荷电流为 72A 时，计量误差达到了 –40%，后来更换成倍率为 75A/5A 的电流互感器才解决了线损过大的问题。这个案例就是由于 TA 倍率选择过小，致使磁饱和引起的负误差较严重引起的。

（3）更改电流互感器电流比。

1）增加 TA 实际电流比。更换不同电流比的 TA，或改变抽头式 TA 的二次抽头，或改变 TA 一次侧的串、并联接线（一般在高压中较常见），或改变穿芯式 TA 的一次侧匝数。

2）涂改 TA 铭牌上标注的电流比使其减小或直接更换 TA 铭牌将电流比换小等。

【例 8-2】　某用户将计量电流互感器变比由 300A/5A 换成了 250A/5A，以此来窃电。

（4）用外界因素损坏电能表使其少计或不计电能。

①通过载电流或短路电流等大电流烧坏电能表或互感器。

②用机械外力损坏电能表。

③外加强磁场损坏电能表。

④用微波发生器、高压电发生器等装置将电子式电能表的内部晶振击穿或击停，或直接更换晶振，改变 IC 的时钟频率，致使产生电路间隙振荡等。

（5）改变感应式电能表的安装条件。利用永久磁铁产生的强磁场干扰电能表等。

（6）篡改计量结果。

1）勾结抄表员少抄电量，窃电一定数量后将表计烧坏或谎称丢失。

2）勾结供电企业相关人员删除、修改计量电费的数据或应用程序。

3）使用伪造或非法充值的电费卡充值用电。

4）在电价低的供电线路上擅自接用电价高的用电设备或私自改变用电类别等。

5. 无表法窃电

电力企业安装和使用的电能计量装置，均经过法定或授权的计量检定机构检定合格并加封，并按照规程进行周期轮换或检定。窃电者未经报装入户就直接搭接在供电企业或其他用户的线路上用电，或不使用合法的计量装置用电，或有表用户私自甩表用电，这类方法称为无表法窃电。无表法窃电的常见手法有：

（1）在供电设施上直接接线用电。

1）直接从配变的低压瓷绝缘子上挂线用电。

2）私自从电力企业电网内接线用电等。

（2）临时用电采用无表估算电量的用户自己增容用电，或超过约定的时间和条件用电。

（3）使用不合法的电能计量装置。利用未经法定的计量检定机构检定合格并加封且未按规程进行周期性检定、轮换的电能计量装置用电。

（4）绕越电能表用电，在电能计量装置前，采用公开或隐蔽的方法接用全部或部分负载。

1）在电能表前或计量装置前面的进线上用钢针扎入线皮接线用电。

2）在电能表前或计量装置前面进线的隐蔽位置，用鱼尾夹接线用电或将线皮拨开直接接线用电。

3）在裸露的低压线上用挂钩用电等。这类手法不仅造成大量的电量损失，同时可能造成线路和公用变压器的过负荷，极易造成人身伤亡、引起火灾等重大事故，另外，由于私接导线的接触电阻较高，在电流的热效应下会发生跳火断股甚至断线。对于高供高计用户，绕越电能表用电需要在高压线路操作，这种手段只有理论上的可能，实际中很难实现，所以高供高计有助于防窃电。

无表法窃电在性质上与前述四类有所不同，前四类窃电方法基本上属于偷偷摸摸的窃电行为，而无表法窃电则是明目张胆带抢劫性质的窃电行为，并且其危害性也更大，对于此现象一经发现，应严惩不贷。

6. 智能法窃电

窃电者采用特制的窃电器改变电能表的电气参数或使得电能表不能正常运行，或改变分时电能表的时段设置和时段电量数据，或通过电能表通信口改变电量数据和电能表设置，以达到少计或不计电量的目的，这类方法称为智能窃电法。智能窃电法常见的表现手法有：

（1）安装、使用窃电装置。

1）使用强磁铁窃电器使电子式电能表计量不准确。

2）利用发出大功率无线信号对电子式电能表的 CPU 进行干扰，使电能表不能正常工作，不计或少计电量，还可随时恢复电能表计量。这种窃电方法操作时间短、隐蔽性强、容易操作，在表箱外发射大功率信号就能达到干扰电能表的目的，不用改动任何电力设备。这类窃电查获取证困难。

3）利用高频高压电源干扰窃电，比如高压大功率警用电击棒。高频高压电源产生的电磁干扰能够影响广播、电视和通信的接收，造成电子仪器和设备的工作失常、失效甚至损坏，能对电子式电能表造成巨大破坏，而且其操作时间短，只需几秒钟，使得表计无法正常计量。这类窃电查获取证困难。

4）随着高供高计改造的深入，高压计量箱在电能计量中的应用越来越广泛，在高压计量箱内使用电子遥控装置进行窃电的方法在一些地区使用越来越猖狂。电子遥控窃电装置包括信号发射器和信号接收端,信号接收端安装在电能表内,接收发射器发出的信号,或通过滤波器对电能表电压采样信号进行分时通断,或在电压绕组加可遥控的可调电阻,或在电压绕组电压回路加遥控开关,经遥控造成计量电压回路开路,当发射器发出信号时电能表不计,不发信号时电能表正常计量。这类装置具有体积小、安装方便、隐蔽性强和可随意控制的特点。这类窃电行为如不开箱检查很难发现。

(2) 利用编程器等专用的仪器、设备改变分时电能表的时段设置,更改峰、平、谷用电量的占比,将高电价时段电量转移至低电价时段,保持总电量不变,通过这种方法达到少交电费的目的。

(3) 通过破译电能表通信接口 (如 RS485、RS232 及红外通信口),非法改变电能表内部数据和设置,从而达到窃电目的。

另外根据持续时间不同,窃电行为可分为连续性窃电和间断性窃电两大类。连续性窃电是指在较长的一个时段内,连续进行窃电的行为,包括有些单位还没有竣工送电就预谋窃电的行为。这类窃电方式因留有较明显的证据,只要查窃电方法科学细致,往往较容易查获。间断性窃电,包括用窃电器倒表、打开电能表倒表码、临时性的表外用电等,窃电时间虽短,但窃电数量不少,且实施窃电操作后证据消失,给反窃电工作带来了困难。

8.3 反窃电的管理与技术

反窃电工作应当坚持预防为主、防范与查处相结合的原则,实行综合治理。防窃电就是在窃电未发生前采取管理措施或技术措施,使得用电户难以实施窃电。打击窃电应当全社会协力,不能以完全刚性的惩罚措施作为唯一手段。各级人民政府应当加强对反窃电工作的领导,支持和监督有关部门、单位依法开展反窃电工作;电力行政管理部门、电力企业、新闻媒体均有义务大力宣传遵守电力法律法规依法用电。供电企业应当加大预防窃电的投入,采用先进、实用的技术措施和设备预防窃电行为的发生。反窃电的措施分为管理措施和技术措施。

8.3.1 反窃电的管理措施

防窃电、反窃电工作是一个系统工程,利用全面质量管理的办法,从电力线路到电能计量装置全线加强反窃电的管理,整个过程可以分为事前、事中和事后管理 3 个阶段:业务扩充管理过程的防窃电管理是事前管理;装表接电后到抄表复核收费过程的防窃电管理是事中管理;运行过程中对窃电行为的查处是事后管理。

1. 业务扩充过程的防窃电管理

业务扩充是指接受客户用电申请,根据电网的供电条件,办理新装和增容用电,满足新建和扩建用户的用电需要,也称业扩报装。业务扩充过程的防窃电管理是事前管理,相应的管理措施有:

(1) 规范化管理业扩流程,规定办事程序,制订业务管理工作流程图,严格遵守业扩用户计量勘察、验收制度。新装和增容业务应对现场查勘、方案审定、设计审核、中间验收、竣工验收、装表接电制订相关的工作流程和注意事项。

（2）建立约束机制，加强内部防范措施。供电方案审批、设计图样审核和装表复核等这些制度既防止了工作上的失误和疏漏，也防止了人为制造窃电的漏洞。

1）确定供电方案（方案内容有供电的容量、供电电压等级、供电的电源、供电线路、计量方式等）需考虑防窃电，对现存不利防窃电的供电方案采取补救措施；选择计量方式（电能表与互感器的接线方式、电能表类别、装设套数）：对高压专用变压器用户，尽可能采用高供高计，并采用专用计量柜、计量箱（虽然 DL/T 448—2000《规程》允许容量在 500kVA 及以下的 35kV 用户和容量在 315kVA 及以下的 10kV 用户采用高供低计，但笔者认为不提倡，原因是在产权分界点装设计量装置，高压计量可有效防窃电）；对高压用户、低压三相大用户，采用装设主、副两套计量装置提高窃电难度；低压照明用户安装规范的集中计量箱，所有低压供电用户都必须加装漏电保护。

2）审核用户供电工程设计图样：尽可能采用防窃电装置，对低压供电用户，表前线路应采用铠装电缆或套管防护；用户表前和表后的进出线应清晰明了，减少迂回避免交叉跨越；对专用变压器与电能表分离或经互感器的计量二次回路，应选用铠装电缆或全封闭 PC 套管。

3）竣工验收和装表接电阶段：应重点检查计量装置表箱、封印等外围防护是否完善，是否存在窃电漏洞，必要时必须采取补救措施。用电计量装置在安装前应当经法定计量检定机构检定合格并按照有关规定加封。装表接电人员应规范电能计量装置的安装和接线，装表应由一人操作，一人检查复核，对经互感器接入的计量装置，应特别注意检查其接线、变压器电压比、极性和相序是否正确，在确认无误后及时加封上锁，并办理用户签章认证留底等手续。对中途需改变用电类别的或增加用电容量的用户，实行内部牵制机制，防止内外勾结借机在计量装置和用电价格上做手脚。对临时用电用户也要装表计量，按时抄表收费，并建立临时用电台账，在临时用电结束时立即撤除供电线路和计量表计并转为正式供电。

（3）用电检查人员参加用户工程的中间检查和竣工验收时，应注意检查防窃电技术措施是否完善，要特别注意用户隐蔽工程，防止用户做手脚，比如在直埋电缆下面同时预埋电缆到隐蔽的地方，之后通过私自改接线实施窃电，对发现的问题应提出整改意见并督促落实。

（4）加强供用电合同管理，供电企业应当与非居民用电户签订供用电合同，在供用电合同中应当依法约定用电计量装置的保护、维护责任和用电户从事窃电行为的违约责任，确认用户明确合同条款并签章外，更重要的是使用户明确窃电应承担的法律责任。这样，既对用户可能产生的窃电心理加以震慑，同时也给事后窃电案件处理提供了合法依据。

（5）新装或增容的业扩工程在装表接电环节上应及时准确地做好资料传递工作，避免出现空档而被用户乘机窃电。

（6）加强计量表计的管理手段，建立计量档案，重点建立电能表条形码管理系统，推行运行管理。

（7）加强对丢表、烧表、计量故障等杂项申请的管理，制订相应的工作流程和注意事项。重点做好现场调查核实，由用电检查人员会同抄表人员联合办理等。对经常落雷地区安装的电能计量装置，在其进线处装设避雷器。

（8）制定电能表检定和检修工作质量的标准，加强各工序工作质量的监督，严格电能表走字试验；严格电能计量装置的设计审查、安装、验收，防止出现互感器错发、错装或者同组互感器变比不同这类差错；严格电能计量装置倍率管理。电能计量装置倍率计算由专人负责，安装前须经过复核；改变互感器变比须重新计算倍率；电能计量装置倍率须在电能表的标示牌中明确标示，字迹应该清晰工整、不褪色，防止篡改倍率窃电行为。

（9）电力行政管理部门、供电企业应当向用电户宣传正确使用和节约电能的重要意义、方法，有关法律、法规、规章以及窃电的危害性，运用典型案例进行反窃电教育。

（10）加强内部职工的法制教育和职业道德教育。

业扩过程的防窃电管理是对《电能计量装置技术管理规程》强调的电能计量装置全过程管理的实践，对整个过程实现全程管理，即电能计量方案的确定，电能计量器具的选用，电能计量器具的订货验收、检定、检修、保管、安装、竣工验收、运行维护、现场检验、周期检定（轮换）抽检、故障处理、报废等全过程的管理，以及包括与电能计量有关的电压失电压计时器、电能量计费系统、远方集中抄表系统等相关内容的技术管理。

2. 抄表、复核、收费过程的防窃电管理

抄表、复核、收费过程抄、核、收三者分离，防窃电的关键在抄表和复核环节。装表接电后到抄核收过程的防窃电管理是事中管理，相应的管理措施有：

（1）搞好营业普查工作，建立完善的用户台账，为用电检查人员有目的查处窃电行为提供参考依据。按《规程》对计量装置实行定期校验和定期轮换制度，加强计量电压二次电压降的监控。落实跟踪新用户第一、二次抄表数据，将用户准确的月用电量和日用电量、负荷率、班制等数据归入用户档案，为日后分析用户用电变化、判断用户是否存在窃电行为及查处窃电提供参考依据。跟踪调查用电大户和重点单位用户的用电装置和用电情况并建立跟踪档案，进行定期检查，重点管理。

（2）抄表人员管辖范围实现定期或不定期轮换，以削弱人情关系网及防止内外勾结窃电。

（3）严格执行抄表复核制度，抄核收人员要严格查表核算用电量，并正确收取电费，实行抄表考核制度。

（4）抄表人员抄表是要加强对计量装置的检查，发现计量装置情况与台账不符，或用电性质不符，或计量装置故障异常、违约用电或窃电等情况时，应及时向有关部门传递信息，并向领导汇报。

（5）用电稽查人员要加强对抄表和复核的监督，抄表、复核人员应负有对窃电行为发现和举报的责任，存在明显窃电而抄表和复核人员未发现或发现不举报的，作违规处理。

（6）利用抄表、收费机会，加强《电力法》等电力供应与使用有关法规的宣传，让用户知道窃电是违法的，明确哪些行为属于窃电行为，使广大用户知法守法。

（7）组织对抄核收人员进行业务技能、安全规程、职业道德培训，提高队伍素质，为及时准确地发现窃电行为、有效地打击窃电创造条件等。

3. 查处窃电过程的防窃电管理

反窃电需要加大用电检查力度，严厉查处非法用电行为，运行过程对窃电行为的查处是事后管理，相应的管理措施有：

（1）制定反窃电三级管理制度。

1）局级管理。基层供电单位是推动反窃电工作顺利进行的关键，督促落实各项反窃电管理措施和技术措施。例如做好营业普查，严格奖惩制度、加强线损管理等。

2）班组管理。根据具体情况，实行分线专人管理，责任到人；实施各项反窃电的管理措施，严格执行抄表监督制度；完善计量装置整改工作，落实反窃电技术措施。

3）个人管理。电力营销工作人员应严格按业务流程和工作规范办事。现场工作人员要掌握各种简单的查电技术，分析计量装置运行是否正常。

（2）严格实施封印管理制度。

管理好、使用好电能计量装置的封印是防窃电的一项重要措施，很多窃电案件都是因为封印的使用、管理不规范造成的。因此，供电企业应加强计量封印的使用监督管理，建立计量封印的订货、领用、报废、封存全过程的管理制度，统一计量封印的防伪技术和编码管理。

（3）供电企业依法建立并健全一套系统规范的用电检查管理办法：

1）对用电检查程序、检查纪律、办事规则等进行规定和规范，用电检查要做到有章可循，违章必究。

2）常用的用电检查方式有重点检查、突击检查、抽查和普查。用电检查人员对下列用电户应当重点检查：负载变化大及季节性负载、有冲击性负载的、执行多类电价的、有二次变压配电的、发生过窃电行为的、分时用电户、未安装用电计量装置的临时用电户。针对负载不同情况，动态管理电能计量装置。另外每月抄表完毕，根据收费系统提供的用户电量突变（突增或突减）和公用变压器、线路的线损异常情况，制订针对性检查计划，对于用电量异常的用户，进行重点跟踪检查。对群众举报有窃电嫌疑的用户，对被举报户进行突击检查。抽查主要针对与抄表人员关系密切的用户。电力企业应当每年组织开展多次用电普查和定期或不定期地进行用电安全与业务检查，按规定和规范对供电线路、用电计量装置和用电户用电情况进行用电检查，维护电网安全和供电秩序，尤其是对专用变压器用户实行定期或不定期的用电检查。

3）鼓励广大群众举报窃电行为，设立窃电举报电话和举报箱，举报电话实行24h值班制度，建立有效合理的举报奖励制度和保密制度。

4）用电检查人员到用户实行查电的人数不得少于2人，夜间查电还应适当增加人数，严禁私自查电。用电检查人员查处窃电时，若有串通用户、弄虚作假或者受贿渎职的行为，一经发现按规章制度处理。

5）建立查、处分离制度。用电检查人员负责查获窃电行为并进行取证，处罚由执法保卫人员执行。

6）依据《电力法》等电力供应与使用的有关法规规定，对查出的用户窃电行为应严肃处理。在查处窃电过程中加强电力法律法规的宣传教育：一方面认真分析用户窃电心理和动机，结合相关法律法规条文，向用户做耐心细致的解释，使用户真正懂得窃电是违法行为，主动承认错误，接受处理，防止再次窃电；另一方面传播媒体应当对损害电力企业和用户合法权益的行为进行舆论监督，加强对窃电大案、要案和典型案例的宣传报道以警示广大用电户并震慑不法分子。

7）组织对用电检查人员的技术培训、法律培训，提高他们的综合素质，为其配备必备和先进的反窃电技术装置。

（4）加强多功能电能表编程器的使用和管理。随着多功能电子式电能表的推广应用，已经发现有不法分子破译密码在通信接口非法更改设置和电量数据进行窃电的现象。为此应制定电能表编程器安全管理制度并切实贯彻执行，相关的编程微机、编程器应有专人负责保管、使用，同时还应与电能表制造厂家签订相关的安全保密协议。编程只能在计量室完成，现场不允许编程。

（5）加强对营销工作实现全过程的质量控制，充分发挥负荷控制、抄表系统的监控作用，及时发现问题，减少窃电造成的损失。

（6）供电企业应当加大预防窃电的投入，采用先进、实用的技术措施和设备预防窃电行为的发生。加强防窃电技术及产品的研究与开发，推广和采用防窃电和反窃电的新技术、新产品。

8.3.2　反窃电的主要技术措施

通过窃电手段分析，可看出大多数窃电手段是通过破坏电能计量装置的准确运行来实现窃电的，前提是窃电者能够接触到计量装置和计量回路。因此，反窃电技术措施的制订原则是：确保电能计量装置有可靠的封闭性能和防窃电性能，封印不易伪造；在封印完整的情况下，用户无法窃电或窃电困难。在进行电能计量装置安装和改造时，应始终贯彻"线穿管、管进箱、箱上锁、锁加封"的原则。

反窃电工作是一个系统工程，对于供电企业来说是一项常抓不懈的工作。近年来各地在防治窃电技术措施方面积累了不少成功的经验，归纳下来有如下一些做法。

1. 对电能计量装置实现全过程管理

《电能计量装置技术管理规程》对电能计量装置技术管理的内容，特别强调了"全过程管理"，即包括电能计量方案的确定，电能计量器具的选用，电能计量器具的订货验收、检定、检修、保管、安装、竣工验收、运行维护、现场检验、周期检定（轮换）抽检、故障处理、报废等全过程的管理，以及包括与电能计量有关的失电压计时器、电能量计费系统、远方集中抄表系统等相关内容的技术管理。

2. 广泛使用防窃电的专用电能计量柜、电能计量箱或专用的电能表箱

新型计量箱柜是利用电能计量箱开门、电能计量箱温度以及电量参数采集的复合信号，有效检测电能计量装置是否损坏。

高供高计的专变用户采用高压电能计量柜，电能计量柜全部加封，配有电压回路断电记录仪，有功、无功电能表、TV、TA 都安装在计量柜内，二次回路通过电缆接入计量柜，再从计量柜接到母线。《规程》规定，对 10kV 供电且有高压配电室的，应采用符合国家标准（GB/T 16934—1997《电能计量柜》）的电能计量柜，对用电容量较小的用户，可使用电能计量箱；对 35kV 供电的用户，推荐使用符合国家标准 GB/T 16934—1997 的电能计量柜或电能计量箱。但由于 35kV 的电能计量柜或计量箱的制造厂家较少，因此不做强行规定。

高供低计的专变用户，有条件的改造为高供高计，有利于防窃电，不具备改造条件的，容量较大有低压配电柜供电的用户采用专用电能计量柜，计量互感器和电能表全部装在柜内，容量较小无低压配电柜供电的采用专用电能计量箱（计量互感器与电能表有共箱型也有不共箱型）。

低压大电流用户经 TA 接入电路的计量装置采用专用计量箱，普通低压用户采用集中电能表箱。计量箱柜和电能表箱采用防撬、防伪封、加锁等反窃电措施：箱门加封印，把箱门设计成（或改造为）可加上供电部门的防撬铅封，使窃电者开启箱门窃电时会留下证据；

箱门配置防盗锁；将锁门焊死。

3. 封闭变压器低压侧出线端至计量柜（箱）的导体

变压器低压桩头采用全绝缘措施，变压器低压侧出线用电缆或全绝缘线引入计量柜（箱），这项措施主要用于针对无表法窃电，同时对通过二次线采用欠电压法、欠电流法、移相法窃电也有一定的防范作用，适用于高供低计专变用户。

4. 采用防撬锁封

封闭电能计量装置的关键部位，包括封闭电压互感器的隔离开关操作把手，电压、电流互感器的二次接线端子和电能计量柜（箱）等，用于封闭的封印应具有强的防伪性能。

封印是作为查处窃电的重要证据，因此，对封印的基本要求是既要难以伪造，又要便于识别真伪。由于大多数窃电手段是通过破坏封印，在计量柜（箱）内动手脚实行窃电，为了反窃电，众多厂家生产了多种新型外围防护设置和新型防窃电的电能表箱、计量柜箱等，例如采用自锁式防伪编码锁封、电子表封、防窃电绝缘导线头套、电流互感器二次防窃电封罩、配电变压器低压出口防窃电保护罩、智能控制计量箱、全封闭防伪封印、新封印标识等。智能控制计量箱具有如下几个明显特点：①箱体机械强度高，经久耐用，还具有闭锁、防撬等功能，有效防护计量装置；②采用电子密码钥匙控制，电子密码钥匙的授权方式和改码方便灵活且便于保密；③通过智能控制装置，当表箱门被非法打开后自动断电，且无法自行恢复送电，为用电检查人员准确查获窃电行为提供依据。

全封闭防伪封印与旧式铅封相比，其防窃电功能和适用范围基本相同，但其功能实现的方式却有本质上的区别。全封闭防伪封印具有如下一个明显特点：①采用独特的微电子防伪技术，每一颗封印单独防伪标记，全封闭、全透明、内锁式结构设计；②工艺流程引用先进的封闭式，分序、分段和监控式管理全过程，使每一颗封印具有绝对的有效性和可靠性；③从生产到使用全过程，每一颗封印都有一个流水编码，与使用管理登记卡对应，进行微机化、规范化管理，而且真伪判别方法简单有效，可由便携式现场判别仪或电脑自动识别系统进行确认。

这些高科技的封印技术为反窃电提高了可靠的技术保障。

5. 采用防窃电电能表或在表内加装防窃电器

采用防窃电电能表或在表内加装防窃电器主要用于防止欠电压法、欠电流法和移相法窃电，比较适合小容量的单相客户。防窃电电能表按指令的执行方式划分主要有三种：断电式、记录式、报警式。断电式防窃电电能表在用户窃电时断路器自动切断用户电路，用户中止窃电后又自动取消断电指令，恢复向用户正常供电。记录式防窃电电能表在用户窃电时自动记录窃电时间，以及当时的运行参数，为查处窃电提供证据。报警式防窃电电能表在用户窃电时自动发出声、光信号报警信息。

最近出现的各种单相、三相防窃电电能表的设计思路是在电能表所具有的电能计量功能的基础上增加防窃电功能，包括电压、电流、相位异常记录，开表盖记录等防窃电功能。我国已研制成功的 DDS106-3C 型单相反窃电型电子式电能表就属于这一类，基本能满足电力部门防窃电的需求。

此外现在大多数用户已经换装了全电子式电能表，也具有一定的防窃电能力。大多单相电子式电能表对正反向的电量都能正确计量，记录的电量是绝对值累加的，这就很好地防止了移相法窃电中改变电流方向的窃电手段，适用于无倒供能力的高压用户和普通低压用户。

电子式电能表将电压连接片移到了表内，防止了去掉电压连接片的窃电手段，低阻电流元件防止了电流元件短路的窃电手段。

6. 规范电能计量装置的安装接线

电能计量装置的安装接线要按规程和规范进行，是进行反窃电的有效技术措施。这条措施对欠电压法、欠电流法、扩差法、移相法窃电均有防范作用，具体做法是：

（1）单相表相线、中性线采用不同颜色导线对号接入，不得对调，用以防止一线一地式和外借中性线的欠电流法窃电，还可防止跨相用电时造成的电量少计。

（2）单相用户中性线经电能表接线孔穿越电能表，严禁在主线上单独引接一条中性线进入电能表，三相用户的三元件电能表或三个单相电能表中性线要在计量箱内引接，严禁从计量箱外接入，都是用以防止将中性线外接相线造成某相欠电压或接入反向电压使某相电能表反转。三相客户的三元件电能表或三个单相电能表的中性线不得与其他单相客户的电能表中性线共用，以免一旦中性线开路时引起中性点位移，造成单相客户少计量。

（3）三相用户电能表要有安装接线图，并严格按图施工和注意核相，以免由于安装接线错误被窃电者利用。

（4）牢固安装电能表及接线，进出电能表的导线要尽量减少预留长度，用以防止利用改变电能表安装角度的扩差法窃电。

（5）如果由于接入电能表的导线截面积过小造成与电能表接线孔不配套的情况应采用封堵方法，用以防止不法分子利用 U 形短接线短接电流进行窃电。

（6）认真做好电能表铅封、封漆，尤其是表尾接线安装完毕必须及时封好接线盒盖。

电能计量装置的安装接线实行"线穿管、管进箱、箱上锁、锁加封、封编号、号入机"的技术管理，实现计量装置全封闭运行。

7. 规范低压线路安装架设

规范低压线路安装架设是为了防止用户在低压线路上私拉乱接，低压配电线路应该规范安装假设，实现"四化"要求：绝缘化、电缆化、明晰化、简短化，这项措施主要是防止无表法窃电，具体做法有：

（1）低压配电线路尽量架设在明处，线路走向清晰简洁，尽量减少迂回和避免交叉跨越，必须架设于遮挡物后的线路采取穿管措施。当采用架空明线时，尽量避免贴墙安装，当采用电缆线时，接近地面部分宜穿管敷设。

（2）低压配电线路的分线端子排一定要使用防窃电、大容量、阻燃的分线盒，低压线路的接头和分接头压接并采取绝缘措施。

8. 从计量装置的安装位置防窃电

在供电设施和用电设施产权分界处选择合适的位置安装计量装置是有效预防窃电的重要环节。高位安装电能表增加了窃电的难度，将室内电能计量装置改到室外或其他醒目处、低压单相用户采用集中装表均有效地预防了窃电。例如，对零散居民户和单相供电的经营性照明用户电能表的安装高度，应使电能表水平中心线距地面在 1.8 ~ 2.0m。

9. 采用高压电能表

高压电能表是配电网新型高压电能计量产品，集成了电子式互感器、光纤通信、电子信息处理、高压复合绝缘等技术，用于配电变压器高压侧电能计量的整体式新一代计量设备。在高压系统中采用高压电能表替代现有的高压电能计量箱和高压电力计量装置，可以极大地增强供电系统自身的防窃电能力。

10. 通信接口防窃电的技术措施

不法分子通过多功能电能表的通信接口非法改变电能表设置进行窃电，这种窃电方式性质恶劣，危害极大，必须加以防范。对于 RS485、RS232 及红外通信口进行的安全措施有三层：一是加装硬件开关，开关闭合时才能通过通信口对电能表进行设置写入，抄表读出数据不受这个开关限制；二是设置密码，按照权限进行管理；三是在软件上加逻辑判断和时限控制。通信接口在三重安全保护措施下可以有效地防止这类窃电的发生。

11. 大力推广应用电力用户用电信息采集系统

电力用户用电信息采集系统是对电力用户的用电信息进行采集、处理和实时监控的系统，具有用电信息的自动采集、计量异常监测、电能质量监测、用电分析和管理、相关信息发布、分布式能源监控、智能用电设备的信息交互等功能。电力系统大力推广应用的电力用户用电信息采集系统能有效反窃电。用户用电信息采集系统会对以下事件进行事件告警：遥控跳闸、功控跳闸、电控跳闸、电流回路异常、电压回路异常、相序异常、电能表时间超差、电能表故障信息、终端停/上电、电压/电流不平衡越限、终端故障、有功总电能量差动越限、电控告警事件、电压越限、电流越限、视在功率越限、电能表示度下降、电能量超差、电能表飞走、电能表停走、电能表运行状态字变位、TA 异常、控制输出回路开关接入状态量变位记录、电能表开表盖事件记录、电能表开端钮盒事件记录等。然后根据事件告警进行分析，结合现场用电检查可以很大程度上有效防止窃电。此外用户用电信息采集系统可以根据历史数据分析判断有无用电异常情况，然后进行进一步用电检查核实。

此外各种实时在线监测装置亦有助于反窃电，如远方监测性计量监测仪、电力负荷管理装置、就地监测型电能表用电监测记录仪、智能式断压断流计时仪等，用于就地监测用户计量回路的运行状态，能对各种非正常工作状态进行判断记录报警，并且显示和打印出结果。比如电力负荷管理装置不仅具有需求侧负荷控制、远程抄表的功能，可以拓展反窃电功能，系统主站能够实时采集并监控计量现场工况。具有的报警功能有：计量箱门及表盖非法打开报警、终端上电/停电报警、表计故障报警、电能表停走报警、终端编程时间更改报警、计量装置参数更改报警、电能表通信异常报警、电能表失电压断流报警、客户电量突变报警、负荷过载报警等。这类在线监测装置便于融入配网自动化系统，应该加强这类装置在反窃电中的作用。

习 题 8

8-1　什么是窃电？窃电的手段有哪几种类型？

8-2　什么是欠电流法窃电？常见的表现手法有哪些？

8-3　什么是智能法窃电？常见的表现手法有哪些？

8-4　用三元件电能表计量照明电能时，用户私自更改表尾中性线，将其接到某相相线上，试分析对计量的影响。

8-5　某用户在电压二次回路中串联一个电阻，导致二次电压降增大，试分析对计量的影响。

8-6　将原来电流比是100/5的电流互感器换成200/5的电流互感器，保留原来 TA 的铭牌，试分析对计量的影响。

8-7　电磁干扰仪窃电工具是如何实现窃电的？

第9章 电能计量自动化技术

电能计量自动化技术是新兴的、先进的计量技术，融合了当今先进的电子技术、计算机技术和通信技术，并随着硬件和软件的不断发展而更新。电能计量自动化是对民用或工业用电能表所计电能量的自动记载，并利用计算机技术和通信技术来实现对每个电能表记载数据的自动正确采集、准确传递、记录和整理，从而达到提高工作效率的目的。

电能计量自动化技术可以使供电管理部门掌握每个用户消耗的电能情况，准确地统计各类供电线路、各个用户的实际用电情况，从而进行合理的调度，以提高电力系统和地区整体的经济效益。此外还能及时发现供电和用电中的问题，确保安全供电和用电，最终达到科学用电、节能降耗的目的。电能计量自动化技术的实现是迈向智能用电的第一步，有助于提高电力系统用电管理的现代化水平，将是电网管理未来发展的主要方向，并已日益引起电力管理部门和电能表及相关行业的关注和投入。

9.1 电能计量自动化是智能电网的关键技术之一

9.1.1 智能电网的概念

随着能源需求不断增加，电力市场化的进程不断深入，用户对电能可靠性和质量的要求也在不断提升。电力行业面临前所未有的挑战和机遇，建设更加安全、可靠、环保、经济的电力系统已经成为全球电力行业的共同目标。在这种逐渐变化的环境下，如果建立一个电力系统网络，将能源资源开发、转换（发电）、输电、配电、供电、售电、服务以及蓄能与能源终端用户的各种电气设备和其他用能设施，通过数字化信息网络连接在一起，并通过智能化控制使整个系统得以优化。这一系统将充分利用各种能源资源，特别是低碳的天然气、风、光、水等可再生能源、核能以及各种废弃的资源等，依靠分布式能源系统、能源梯级利用系统、蓄能系统和蓄电交通系统等组合优化配置，实现精确供能、对应供能、互助供能和互补供能，将能源利用效率和能源供应安全提高到一个全新的水平，令环境污染与温室气体排放降低到一个可以接受的程度，使用户成本和投资效益达到一种合理而有利的状态。人们普遍将这样的电力系统网络称为智能电网。

智能电网是以包括发电、输电、变电、配电、用电、调度和信息等各环节的电力系统为对象，不断研发新型的电网控制技术、信息技术和管理技术，并将其有机结合，实现从发电到用电所有环节信息的智能交流，系统地优化电力生产、输送和使用。智能电网的本质就是能源替代和兼容利用，它需要在创建开放的系统和建立共享的信息模式的基础上，覆盖包括从需求侧设施到广泛分散的分布式发电，再到电力市场的整个电力系统及相关环节，促进电力流、信息流、业务流的高度融合和统一。电力企业通过促成技术与具体业务的有效结合，使智能电网建设在企业生产经营过程中切实发挥作用，最终达到提高运营绩效的目的。

我国电力工业在宏观政策层面，需要满足建设资源节约型和环境友好型社会的要求，适应气候变化的需要；在市场化改革层面，交易手段与定价方式正在发展，市场供需双方的互动将会越来越频繁。这说明智能电网建设也将成为我国电网发展的一个新方向。另外，我国的电网规模正在快速扩张，用户的用电行为也在发生变化。以建设智能电网为抓手，借助电网扩张的机遇，能够比较方便地建成满足未来需要的下一代电力网络，直接占领电网技术的最高点。

2007 年 10 月，华东电网公司启动了智能电网可行性研究项目。2008 年，国家电网公司开始推行电力用户用电信息采集系统，规划用 3～5 年时间实现全网的电能信息采集，实现"全覆盖、全采集、全预付费"的目标。在 2009 年 5 月举行的特高压输电技术国际会议上，国家电网公司正式对外公布了"坚强智能电网"计划。国家电网公司同时提出规划和目标：将按照统筹规划、统一标准、试点先行、整体推进的原则，在加快建设由 1000kV 交流和 ±800、±1000kV 直流构成的特高压骨干网架，围绕发电、输电、变电、配电、用电、调度等主要环节和信息化建设等方面，分阶段推进坚强智能电网发展。

国家电网公司将分三个阶段推进坚强智能电网建设：2009—2010 年是规划试点阶段，重点开展坚强智能电网发展规划，制定技术和管理标准，开展关键技术研发和设备研制，开展各环节的试点；2011—2015 年是全面建设阶段，将加快特高压电网和城乡配电网建设，初步形成智能电网运行控制和互动服务体系，关键技术和装备实现重大突破和广泛应用；2016—2020 年是引领提升阶段，将全面建成统一的坚强智能电网，技术和装备达到国际先进水平。届时，电网优化配置资源能力大幅提升，清洁能源装机比例达到 35%，分布式电源实现"即插即用"，智能电能表得到普及应用。

9.1.2　智能电网发展的关键技术

智能电网的关键技术主要有高品质的基础电力设施、集成通信技术、电能计量自动化技术、高级管理与服务系统。此处简介集成通信技术和电能计量自动化技术。

1. 集成通信技术

建立高速、双向、实时、集成的通信系统是实现智能电网的基础，没有这样的通信系统，任何智能电网的特征都无法实现，因为智能电网的数据获取、保护和控制都需要这样的通信系统的支持，因此建立这样的通信系统是迈向智能电网的第一步。同时通信系统要和电网一样深入到千家万户，这样就形成了两张紧密联系的网络——电网和通信网络，只有这样才能实现智能电网的目标和主要特征。高速、双向、实时、集成的通信系统使智能电网成为一个动态的、实时信息和电力交换互动的大型的基础设施。当这样的通信系统建成后，它可以提高电网的供电可靠性和资产的利用率，繁荣电力市场，抵御电网受到的攻击，从而提高电网价值。

高速双向通信系统建成后，智能电网通过连续不断地自我监测和校正，应用先进的信息技术，实现其最重要的特征——自愈特征。它还可以监测各种扰动，进行补偿，重新分配潮流，避免事故的扩大。高速双向通信系统使得各种不同的智能电子设备、智能表计、控制中心、电力电子控制器、保护系统以及用户进行网络化的通信，提高对电网的驾驭能力和优质服务的水平。

在这一技术领域主要有两个方面的技术需要重点关注：其一就是开放的通信架构，它形成一个"即插即用"的环境，使电网元件之间能够进行网络化的通信；其二是统一的技术标准，它能使所有的传感器、智能电子设备以及应用系统之间实现无缝通信，也就是信息在所有这些设备和系统之间能够得到完全的理解，实现设备和设备之间、设备和系统之间、系统和系统之间的互操作功能。这就需要电力公司、设备制造企业以及标准制定机构进行通力的合作，才能实现通信系统的互联互通。

2. 电能计量自动化技术

电能计量自动化技术是智能电网基本的组成部件，电能计量自动化技术可获得数据并将其转换成数据信息，以供智能电网的各个方面使用。它们评估电网设备的健康状况和电网的完整性，进行表计的读取、消除电费估计以及防止窃电、缓减电网阻塞以及与用户的沟通。

未来的智能电网将取消所有的电磁表计及其读取系统，取而代之的是可以使电力公司与用户进行双向通信的智能固态表计。基于微处理器的智能表计将有更多的功能，除了可以计量每天不同时段电力的使用和电费外，还有储存电力公司下达的高峰电力价格信号及电费费率，并通知用户实施什么样的费率政策。更高级的功能有用户自行根据费率政策，编制时间表，自动控制用户内部电力使用的策略。

对于电力公司来说，参数量测技术给电力系统运行人员和规划人员提供更多的数据支持，包括功率因数、电能质量、相位关系、设备健康状况和能力、表计的损坏、故障定位、变压器和线路负荷、关键元件的温度、停电确认、电能消费和预测等数据。新的软件系统将收集、储存、分析和处理这些数据，为电力公司的其他业务所用。

9.2 电能计量自动化技术发展历程

在基于远程抄表的电能计量自动化技术发展历程中，最早出现的是厂站电能计量遥测系统，国际电工委员会制定了电能累计量传输配套标准 IEC 60870-5-102（简称 IEC 102 标准），这个标准是目前电能计量遥测系统建设中使用最为广泛的。在 2000 年，全国电力系统控制及其通信标准化技术委员会等采用了 IEC 60870-5-102-1996 IEC 102 标准，制定了 DL/T 719—2000《电力系统电能累计量传输配套标准》（简称 IEC 102 标准）。IEC 102 标准有效地解决了一些由于采用设备厂商专用规约所带来的问题，可使电力系统传输电能累计量的数据终端之间实现可互换性和互操作性。但随着社会经济的发展和电力系统体制改革的深入，对电能计量管理的要求更加精细化，对电能计量遥测系统的功能需求也越来越多，需要采集的数据信息也需更加丰富，IEC 102 标准定义的内容已不能满足目前电力企业计量遥测系统建设的需要。

在负荷管理系统建设上，我国在 20 世纪 80 年代末到 90 年代初开展了基于 230MHz 无线专网的大客户负荷控制系统建设研究，然而由于系统在通信容量、组网方式以及项目效益等方面都存在诸多不足，未能得到大规模推广应用。自 2000 年以来，公用通信技术迅猛发展，基于无线分组网络通信技术的 GPRS/CDMA 移动通信技术在多个行业快速推广，国内一些省份尝试采用 GPRS/CDMA 移动通信技术来实现大客户负荷管理系统建设，但系统建设的规模都不大，主要面临着以下一些问题：

（1）整个系统大规模建设缺乏可以参考的技术规范，系统功能及通信方案的实现没有统一标准。

（2）系统建设缺乏有效检验手段，产品质量和系统功能实现没有有效技术保障。

（3）项目效益问题。项目可以承受的最大成本、项目的具体效益体现不够明确。

20 世纪 90 年代中后期，迫于人工居民用户抄表压力加大，低压居民远程集中抄表建设在全国各区域均有试点建设，同样面临技术问题和成本的考虑，至 2005 年前后我国并没有大规模建设经验。国外如意大利、日本等实现远程居民抄表也是近几年才得以较大发展，且远程数据的抄收实时性等指标还远落后于国内的要求。无论是国内还是国外，低压居民抄表方面在技术层面依然存在较大的问题，主要表现在可靠地通信技术方面。

电能计量自动化技术的发展阶段与图 2-16 所示的高级计量系统发展进程相同，目前尚处于自动抄表（Automatic Meter Reading system，AMR）向高级计量架构（Advanced Metering Infrastructure，AMI）发展阶段，国家电网公司自 2009 年开始进行了大量的智能表计和智能用电采集系统的研究，均属于高级计量架构的研究范畴。

9.3　高级计量架构

高级计量架构（AMI）是一套完整的包括硬件及软件的系统。它利用双向通信系统和能记录用户详细负荷信息的智能电能表，可以定时或即时取得用户带有时标的分时段的或实时（或准实时）的多种计量值，如用电量、用电需求、电压、电流等信息。因此，AMI 是智能电网的一个基础性功能模块，也称为智能量测体系（SMI），AMI 的技术和范畴还在不断地发展。AMI 因其在系统运行、资产管理特别是负荷响应所实现的节能减排方面的显著效果而成了整个电力行业最热门的项目。

1. AMI 的概念

AMI 并非一个独立的技术实现过程，而是一个全面可配置的基础设施，并且必须集成于现在和将来的电力网络和运行过程之中。这个基础设施主要包括家庭网络系统、智能表计、本地通信网络、连接电力公司数据中心的通信网络、表计数据管理系统以及数据集成平台等。此外，AMI 提供了一个向整个电网智能化的智能过渡。

在用户层面上，智能表计同时将耗能情况传递给本地用户和电力公司。智能表计通过本地实时数据显示告知用户耗能情况，而电力公司提供的实时电价信息则有利于本地负荷控制设备调节耗电量。高级用户还会根据电价信息布置分布式能源，通过分析 AMI 数据实现智能的节能方案。

电力公司利用 AMI 的历史数据和实时数据来帮助优化电网运行，降低成本以及提升用户服务，如通过 AMI 提供的实时的用户停电信息和电能质量信息，电力公司能快速分析电网的不足。AMI 的双向通信能力支撑电网在变电站级和线路级的自动化。通过 AMI 获得大量数据有利于企业资产的改进或者更好地进行资产维护、增加或者替换。所有这些都将使电网更加高效和稳定。

2006 年 8 月，在法律及自由市场贸易的驱动下，美国联邦能源政策委员会定义了 AMI 的概念：AMI 是一个计量系统，它能够每小时或以更高频率记录用户的用电行为或者其他参数，并通过通信网络将测量的数据传送到一个中心。

高级计量架构建设包含智能电能表、通信系统、电能表资料管理及相关应用程式等软硬件的建设与开发。根据国外建设经验，AMI 可提供诸多优点，如量测及收集能源使用咨询，支援紧急尖峰电价计量的用户计费；提供用户了解能源使用状态并进行节能；支持传送信号进行用户负载控制，以应付电价改变的自动响应；支援故障侦测、故障定位及复电等停电管理；进行变压器及馈线等配电设备资产管理；改善负载自动预测；用户用电品质管理；提升线路损失计算准确度；减少区域线路阻塞；降低不平衡率等。

部署高级计量体系是实现电网智能化的基础工作。AMI 为满足智能电网的互动特性提供了框架性基础。AMI 是一种集成技术，能够使电力事业单位和用户之间实现智能通信，可为用户提供进行决策所需要的信息，提供执行决策所需要的能力，以及其他一系列可选功能。电力事业单位能够根据 AMI 提供的数据更精细地维持电力运行和资产管理，从而更好地为用户服务。通过将多项技术（如智能计量、家庭网络、集成通信、数据管理应用以及标准软件接口等）集成于电力运行以及资产管理过程中，AMI 提供了一个必要的纽带来联系电网、用户及其负荷、发电和存储装置。这些联系是实现智能电网的基本要求。

2. AMI 与智能电网

智能电网的四大技术组成是 AMI、高级配电运行（Advanced Distribution Operation，ADO）、高级输电运行（Advanced Transmission Operation，ATO）到高级资产管理（Advanced Asset Management，AAM），描述如下：

（1）AMI 同用户建立通信联系，提供带时标信息。

（2）ADO 使用 AMI 收集的配电信息，改善配电运行。

（3）ATO 使用 ADO 信息改善输电系统运行和管理输电阻塞，使用 AMI 使用户能够访问市场。

（4）AAM 使用 AMI、ADO、ATO 的信息与控制，改善运行效率和资产使用。

由上述描述可见智能电网的技术组成中 AMI 是首先要实现的，ADO、ATO、AAM 的实现都依赖 AMI。欧美等国将 AMI 作为智能电网的起步。目前国际上被称为智能电网的系统，实际是安装了智能电能表的 AMI 系统。

AMI 增强了用户参与电网的主动性和积极性，通过 AMI 技术可实现实时监视和控制用户周边的分布式发电和储能装置；可联系用户和电网以增加市场的活跃性，用户根据价格信息调整负荷或将能源输送给电网，主动参与电网。

AMI 能实现分布式的电网运行模型，从而减少外界对电网攻击的影响。通过快速而精确的辅助停电管理系统以及故障定位系统可实现电网自愈。

AMI 智能电能表具有电能质量检测模块，能快速测量、诊断、调整电能质量；AMI 提供了精细和及时的数据信息，有利于更好地改进资产管理和电网运行。

总之，AMI 通过网络将电网、用户、发电及能量存储等各部分连接成一个整体。在使用户直接参与电力市场的同时，它也将大大提升电力公司的资产管理水平和运行机制，电力公司通过开发和实施 AMI，可以实现产业的升级并迈向智能电网。

国际标准框架中基于用户侧管理的智能电网，其目标是用通信和智能仪表技术跟踪用户的用电量和用电模式，来节约电能、降低成本。用户侧智能电网建设现阶段主要包括智能电能表和 AMI 两个部分。实施后的研究也表明在降低用电成本、节约电能方面效果明显。

智能电网的 ADO 则侧重于自动化的配电、馈线、变电站等技术。智能电网 ATO 侧重于稳定安全以及提高传输能力和降低损耗。但都要以 AMI 为基础，利用 AMI 的网络架构、传感器、量测设备等收集的信息，并利用 AMI 架构中的双向通信，将用户与电网及市场互相联通。

9.4　现阶段电能计量自动化技术——电力用户用电信息采集系统

电力用户用电信息采集系统是构建未来 AMI 的基础平台和核心支撑。

根据 9.2 节所述，电能计量自动化技术目前尚处于自动抄表（AMR）向高级计量架构（AMI）发展阶段，国家电网公司自 2009 年开始进行的智能表计和智能用电采集系统的研究，均属于高级计量架构（AMI）的研究范畴。

2009 年国家电网公司制定了实现电力用户用电信息采集系统建设"全覆盖、全采集、全费控"的总体目标，并发布实施《电力用户用电信息采集系统功能规范》等系列标准。2009—2010 年为电力用户用电信息采集系统的研究试点阶段，新增用电信息采集用户超过 300 万户。2011—2015 年为全面建设阶段，用电信息采集系统覆盖率要达到 80%，用户超过 14000 万户。2016 年以后为完善提升阶段，用电信息采集系统覆盖率要达到 100%。

电力用户用电信息采集系统是对电力用户的用电信息进行采集、处理和实时监控的系统，实现用电信息的自动采集、计量异常监测、电能质量监测、用电分析和管理、相关信息发布、分布式能源监控、智能用电设备的信息交互等功能；早期又叫电力负荷管理系统、电能信息采集系统、远程集中抄表系统。

1. 用电信息采集系统物理架构

用电信息采集系统由主站、通信信道、采集终端、采集点监控设备组成，其物理架构如图 9-1 所示，共分 3 层。

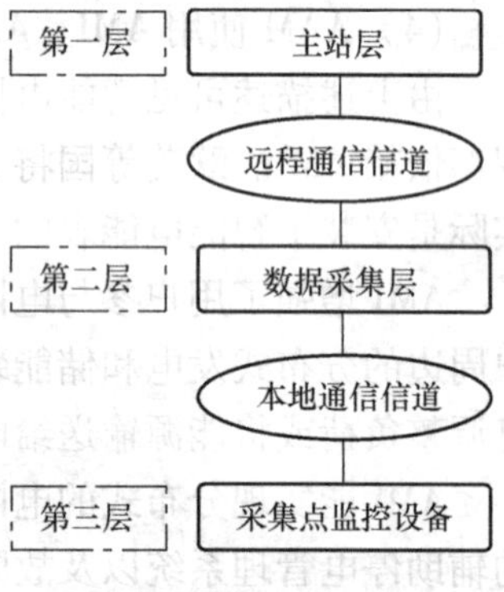

（1）第一层为主站层，是整个系统的管理中心，是一个包括硬件和软件的计算机网络系统，负责全系统的数据采集、数据传输、数据管理和数据应用以及系统运行和系统安全，并管理与其他系统的数据交换。

（2）第二层为数据采集层，负责对各采集点信息的采集和监控，包括各种应用场所的电能信息采集终端、远程或本地通信信道，完成系统各层之间的数据传输。

1）通信信道。通信信道是指系统主站与采集终端的数据传输的通路。

采集终端和系统主站之间的数据通信称为远程通信，可分为专网通信及公网通信。专网信道是电力系统为满足自身通信需要建设维护的专用信道，可分为 230MHz 无线专网及光纤专网两大类。光纤专网是指依据电力通信规划而建设的以光纤为信道的一种电力系统内部通信网络。公网信道可分为无线、有线两大类，常用的公网信道类型有中国移动公司和中国联通公司的 GPRS、中国电信的 CDMA 等无线通信方式以及中国电信的 ADSL、PSTN 等有线通信方式。

采集终端和用户电能表之间的数据通信称为本地通信。对于不同用电信息的采集应用，本地通信差异很大。专用变压器、公用变压器的用电信息采集的本地通信通常采用 RS485 总线，相对比较简单；居民用电信息采集的本地通信相对比较复杂，主要有电力线载波（窄带、宽带）、RS485 总线及微功率无线等多种通信方式同时共存。

2）采集终端。采集终端是用电信息采集终端的简称，是对各信息采集点用电信息进行

图 9-1　用电信息采集系统物理架构

采集的设备,可以实现电能表数据的采集、数据管理、数据双向传输以及转发或执行控制命令。

用电信息采集终端按应用场所分为厂站采集终端、专变采集终端、公变采集终端、集中抄表终端（包括集中器、采集器）、分布式能源监控终端等类型。

①厂站采集终端。厂站采集终端对发电厂或变电站电能表数据进行采集、对电能表和有关设备的运行工况进行监测,并对采集的数据实现管理和远程传输。

②专变采集终端。专变采集终端是对专变用户用电信息进行采集的设备,可以实现电能表数据的采集、电能计量设备工况和供电电能质量监测,以及客户用电负荷和电能量的监控,并对采集数据进行管理和双向传输。

③公变采集终端。公变采集终端实现配电区内公用变压器侧电能信息的采集,包括电能量数据采集、配电变压器和开关运行状态监测、电能质量监测,并对采集的数据实现管理和远程传输,同时还可以集成计量、台区电压考核等功能。公变采集终端也可与低压集中器交换数据,实现配电区内低压用户电能表数据的采集。

④集中抄表终端。集中抄表终端是对低压用户用电信息进行采集的设备,包括集中器、采集器。集中器是指收集各采集器或电能表的数据,并进行处理储存,同时能和主站或手持设备进行数据交换的设备。采集器是用于采集多个或单个电能表的电能信息,并可与集中器交换数据的设备。采集器依据功能可分为基本型采集器和简易型采集器。基本型采集器抄收和暂存电能表数据,并根据集中器的命令将储存的数据上传给集中器。简易型采集器直接转发集中器与电能表间的命令和数据。

⑤分布式能源监控终端。分布式能源监控终端是对接入公用电网的用户侧分布式能源系统进行监测与控制的设备,可以实现对双向电能计量设备的信息采集、电能质量监测,并可接受主站命令对分布式能源系统接入公用电网进行控制。

（3）第三层为采集点监控设备,是电能信息采集源和监控对象,如电能表和相关测量设备、用户配电开关、无功补偿装置及其他现场设备等。

用电信息采集系统物理架构如图 9-2 所示。

2. 用电信息采集系统的主要功能

用电信息采集系统的主要功能包括数据采集、数据管理、控制、综合应用、运行维护管理、系统接口等。

1）数据采集功能可实现采集实时和当前数据、历史日数据、历史月数据和事件记录。

2）数据管理功能可实现对数据合理性检查数据计算和分析、数据存储管理。

3）控制功能可实现功率定值控制、电量定值控制、费率定值控制、远程控制。

4）综合应用功能可实现自动抄表管理、费控管理、有序用电管理、用电情况统计分析、异常用电分析、电能质量数据统计、线损和变压器损耗分析、增值服务。

5）运行维护管理功能可实现系统对时、权限和密码管理、终端管理、档案管理、通信和路由管理、运行状况管理、维护及故障记录、报表管理。

6）系统接口功能可实现采集系统与其他业务应用系统连接,实现数据共享。

3. 电力用户用电信息采集系统的应用

用电信息采集系统的应用,能为传统营销模式面临的降损难题、用户电费纠纷、大面积停电抢修时间长、营销内部质量监控等亟须解决的难题提供有效的解决途径,能够为 SG186

营销业务应用系统提供及时、准确、完整的数据支撑，有效提高营销业务处理自动化程度和信息化水平，有利于营销管理整体水平跨越式发展。

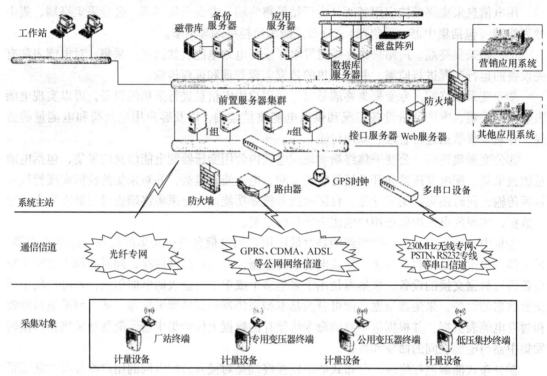

图 9-2　用电信息采集系统物理架构

（1）解决降损难题。线损分为管理线损和技术线损，管理线损占了大部分，而管理线损又与营销管理的各个环节有着紧密联系，因此降损工作应首先从营销管理入手，涉及降损的营销环节主要有抄表账务、计量故障消缺和反窃电环节。

用电信息采集系统可以实时自动抄收电能表数据，极少受外部原因干扰影响，因此抄表效率和正确率能同时得到保证，电费出账正确率提高，为实际电费的回收提供了重要保障。

用电信息采集系统可以实现在线监视和实时分析电能表等计量装置的健康水平和运行状态，可以在第一时间发现计量装置异常状况，通过主站管理软件可以分析诊断故障类型，并可迅速通知营销相关部门去现场消除缺陷，计量装置处理速度加快，提高了消缺工作的效率，减少了因计量故障原因而导致的线损电量。

线损分析是用电信息采集系统综合应用功能之一，基于供需双方电量的同步抄收，为线损分析正确性奠定了数据基础，线损分析正确率提高就可以准确筛选出线损量大的台区，从而进行重点检查。用电信息采集系统能进行异常用电分析，支持在线监测窃电行为，对用户进行窃电警告甚至跳闸。用电信息采集系统的应用可以支持营销部门对窃电行为迅速反应和进行重点打击，通过数据记录功能提供窃电证据，这给窃电用户造成了"一动就发现，伸手必被抓"的强大心理震慑，可有效地维护正常的用电秩序和环境，降低窃电引起的线损。

（2）缓解用户电费纠纷。用电信息采集系统可以保证抄表的按时率，可以避免国定假日因素和人为因素的影响，实现按照每个自然月的电量进行采集，可为用户提供客观完整的当月电量信息。在日常工作中对居民小区批量调表或故障调表时，因部分用户家中无人，造成用户对旧表读数表示疑义等，增大了对电力公司营销部门的客户服务部门的压力，影响了客户满意度。采集系统支持事件记录功能，能确切记录调表时间（精确到分秒），采集系统每 15min 进行一次电量采集和储存数据。当发生用户未确认旧表读数并表示申诉时，营销部门可以提供调表前最多 15 min 之内的电量读数。调表前每天的历史日电量数据，可以为客服人员向用户解释提供更详尽的数据资料，缓解用户对电力企业的质疑，争取得到用户理解和信任。

（3）解决大面积停电抢修时间长的问题。用电信息采集系统的应用能够实时判断用户电能表运行或失电状态，当接到居民报修时，95598 客户服务热线先通过采集系统可以迅速判断该用户所在的居民小区有无大面积停电情况，提供了一种能快速进行故障定位和判断故障范围的手段，大幅度缩短抢修时间，提高用户满意度。

（4）营销内部质量监控。营销部门的外派工作多，涉及千家万户。用电信息采集系统能够提供实时和历史的电能表电量数据，可监控营销人员去现场工作的真实性和及时性，对用电人员的外派工作可以做到可控、能控、在控。用电信息采集系统支持在线诊断功能，对装表质量可以进行检测，有利于工作质量考核，有利于营销服务的标准化、规范化建设。

习　题　9

9-1　电能计量自动化的含义是什么？应用电能计量自动化技术可以实现哪些功能？

9-2　电能计量自动化技术目前处于哪个发展阶段？

9-3　什么是高级计量架构？

9-4　智能电网的四大技术组成是什么？

9-5　电力用户用电信息采集系统是由哪几部分组成的？

9-6　名词解释：远程通信、本地通信。目前电力用户用电信息采集系统的远程通信方式有哪些？本地通信方式有哪些？

9-7　用电信息采集系统的主要功能有哪些？

9-8　电力用户用电信息采集系统的应用效果有哪些？

参 考 文 献

[1] 宗建华，闫华光，史树冬，于海波. 智能电能表[M]. 北京：中国电力出版社，2010.

[2] 张红艳. 智能电能表应用指南[M]. 北京：中国电力出版社，2012.

[3] 肖勇，周尚礼，张新建，化振谦. 电能计量自动化技术[M]. 北京：中国电力出版社，2011.

[4] 徐登伟. 电能计量工作手册[M]. 北京：中国电力出版社，2012.

[5] 山西省电力公司. 供电企业岗位技能培训教材：电能计量[M]. 北京：中国电力出版社，2009.

[6] 王孔良，等. 用电管理[M]. 3 版. 北京：中国电力出版社，2007.

[7] 雷文. 用电检查资格考核培训教材：电能计量[M]. 北京：中国电力出版社，2004.

[8] 黄伟，付银秀，王鲁杨，等. 电能计量技术[M]. 3 版. 北京：中国电力出版社，2012.

[9] 吴安岚. 电能计量基础及新技术[M]. 北京：中国水利水电出版社，2004.

[10] 陈向群. 电能计量技能考核培训教材[M]. 北京：中国电力出版社，2003.

[11] 张有顺，冯井岗. 电能计量基础[M]. 2 版. 北京：中国计量出版社，2002.

[12] 刘继红，张红梅. 智能电能表的推广应用[J]. 大众用电，2012(8)：30-31.

[13] 陈海峰，竺军，李伟华. 电能计量自动化系统在电力营销中的应用成效[J]. 电力需求侧管理，2011，13(1)：68-70.

[14] 中华人民共和国电力工业部. 供电营业规则[S]. 1996.

[15] 国务院. 电力供应与使用条例[S]. 1996.

[16] 电力行业电测量标准化技术委员会. DL/T 448—2000 电能计量装置技术管理规程[S]. 2001.

[17] 李国胜. 电能计量及用电检查实用技术[M]. 北京：中国电力出版社，2010.

[18] 韩玉. 电能计量[M]. 北京：中国电力出版社，2007.

[19] 国家电网公司生产运营部. 电能计量装置接线图集[M]. 北京：中国电力出版社，2011.

[20] 王月志. 电能计量[M]. 北京：中国电力出版社，2004.

[21] 江苏省电力公司. 电能计量技能培训试题汇编[M]. 2 版. 北京：中国电力出版社，2011.

[22] 电力行业电测量标准化技术委员会. DL/T 825—2002 电能计量装置安装接线规则[S]. 2002.

[23] 陈盛，吕敏. 电力用户用电信息采集系统及其应用[J]. 供用电，2011，28(4).